ここはこう書け!

いちばんわかりやすい

科研費申請書の教科書

科研費.com 著

講談社

序文

皆さんは、社会学におけるピーターの法則をご存知でしょうか。この法則は、「優れた仕事をした人は高く評価され昇進するが、このプロセスが繰り返されると、彼らは最終的に自分の能力を超えるようなポジションに昇進してしまい、そのポジションでうまく機能できず『無能』になる」というものです。

研究者のキャリアにおいても、この法則は適用されます。つまり、研究者のキャリア初期には研究能力が重視されますが、昇進するにつれて、申請書の作成能力やプレゼンテーション能力など、研究費を獲得するための能力が求められるようになります。研究能力と申請書の作成能力は一部共通する部分もありますが、基本的には別々の能力であり、研究者としてさらに成長するためには、申請書をうまく書く能力を新たに身につける必要があります。

最近では申請書の書き方を指南するハウツー本が数多く出版されており、ネット上にもコツが多く掲載されていることから、申請書作成のハードルはずいぶんと下がってきました。科研費.com（kakenhi.com）でも2016年から科研費申請書作成のノウハウを公開しており、2019年には『できる研究者の科研費・学振申請書　採択される技術とコツ』（講談社）を出版し、多くの読者に申請書作成のコツを届けてきました。

しかし、研究費を巡る状況は厳しさを増しており、より本質的な申請書作成技術について学びたいというニーズの高まりを感じてきました。そこで本書は、前著のパワーアップ版として、科研費・学振申請書作成において即効性のある具体的なコツについて解説を大幅に拡充するだけでなく、より本質的な申請書作成技術についても学べるようにしました。

本書では申請書を11の要素に分け、それぞれの要素において、何を・どこに・どのような順序で書くのかについての説明に多くのページを割いています。申請書は審査員に対する説得と提案のための文章であり、どんな種類の研究費であっても書くべき文章の要素はほとんど同じです。そのため、本書で学ぶことのできる申請書作成技術は、研究者のキャリアを通じて役立つ一生モノの技術になると考えています。

2023年7月
科研費.com

目次

第1章

申請書を書く前に

1.1 節　本書の使い方

『ここはこう書け！いちばんわかりやすい科研費申請書の教科書』にようこそ！本書はタイトルにある通り、申請書を作成するときに、何を、どこに、どのように書くかについて、なるべくわかりやすく解説することを目指した技術書です。

　本書ではタイトルにある「学術研究助成基金助成金／科学研究費補助金（科研費）」に加えて、「日本学術振興会特別研究員（学振）」の申請書について解説します。しかし、それ以外の申請書についても構成や要素はおおよそ共通ですので、研究費を獲得したいと考えるすべての研究者に役立つものと考えています。

本書の概要

　かつては余裕があり、じっくりと研究に取り組める時代でしたが、現在は定員削減・競争的資金・ステージゲート・任期・校務……と限られた時間と研究資金の中で実験をしつつ、次の研究費を獲得し、ポジションを探し、さらにその他の仕事もこなさないといけません。研究だけやっていればよい時代は過ぎ去ってしまいました。こうした中でうまくやっていくには、研究技術だけでなく申請書の作成技術についても向上させる必要があります。

　しかし、いざ申請書を書くとなると経験の少ない人にとっては難しく感じるようです。これはある意味当然のことで、小中学生での国語の授業や夏休みの読書感想文を思い出してみてください。登場人物の心情を読み解いたり、読書感想文を書いたりした経験はあっても、具体的な作文技術について学び、添削してもらった経験がある人は少ないのではないでしょうか。誰にもちゃんと教えてもらわず、また自分でも学んでこなかったのであれば、最初のうちは上手く書けなくて当然です。

　幸いなことに、私たちが書くべき科学的な文章は、文学とは異なり「独自の感性」や「絶妙な表現」などは不要です。ただ、わかりやすく・読みやすく書けばよいだけですので、ちょっとした技術や考え方を学ぶだけで事足ります。本書の短期的な目標は申請書のノウハウを伝えることですが、究極的な目標は書き方の技術を共有し平準化することで、書き方の巧拙ではなく研究計画の内容に基づいて申請書が評価されることを目指しています。さらに、論理的でわかりやすい文章を書けるようになることで、あなた自身の研究計画は一層洗練され、ひいては科学全体の底上げにつながると考えています。

対象となる読者

本書は申請書を書く技術をいまいちど見直したい人のための本ですので、主に「研究を仕事にしたい人」や「申請書を書いた経験はあるが、自信をもてない人」に向けて書いています。

たとえば次のような人は、本書の読者として最適です。

- 日常の研究はある程度こなせるので、次は研究費の獲得に挑戦したいと考えている。
- 独学や過去のものを真似することで、なんとなく申請書を書けるようになったが、申請書の書き方に精通しているとはいえず、もう少し採択率を上げたいと考えている。

また、本書では主に Microsoft Office Word を用いて申請書を作成しますので、基本的な Word の操作はできることを前提にしています。

本書で説明する内容と説明しない内容

本書はこの章を含めて全部で4章に分かれています。第1章から第4章で説明する内容は以下の通りです。

- 第1章 **申請書を書く前に**
- 第2章 **何を・どこに書くか**
- 第3章 **申請書のデザイン**
- 第4章 **申請書を書いた後に**

それぞれの章は実際に申請書を書く順に沿って構成しているので、はじめから順に読んでいくことを想定しています。ただし、第3章の申請書の見栄えや明解さに関する部分については、単体で読んでも理解できるようにしてあります。

本書の内容を理解できれば、「何を・どこに書けばいいのか」といった疑問は解消され、自信をもって自分なりの申請書を書けるようになるはずです。

科研費や学振以外の申請書の作成にも、本書は役立つのか

もちろんです！　申請書での問われ方や問われる順序、分量などはそれぞれに異なりますが、基本的な内容はどの申請書でもおおよそ共通していますので、JST や厚労省、民間財団といった他の申請書の作成においてもすぐに役立ちます。一方で、結果や結論、考察を重視する論文と、これからの研究計画を重視する申請書では考え方が異なりますので、論文執筆にそのまま応用することは難しいでしょう。

とはいえ、説得力をもってわかりやすく伝えるための基本的な技術・考え方は、申請書や論文に限らず、すべての文章作成において役立つはずです。とくに根拠をきちんと示しながら論理的に書くことが求められる科学的な文章との相性は良いはずです。

本書の使い方

本書では申請書の基本的な書き方を具体例とともにお伝えします。しかし、書き方には絶対の正解はありませんし、ましてや絶対に採択される書き方はありません。研究分野や申請者の属性などによっても何が良い申請書なのかは変わってきますので、本書の内容に過度にとらわれず、「納得できる部分だけをつまみ食いする」といったスタンスを推奨します。新たな気づきを得るためのヒント集としてお使いいただければと思います。

表記ルール

本書では具体的な例文を挙げて説明していきます。その際に、以下のルールにしたがって表記しています。

具体的な例文を示し、推奨する書き方を OK、推奨しない書き方を NG としています。

OK　　　**NG**

また例文中の表現にバリエーションがある場合は、以下のルールに従って表記しています。

（　）：書いても書かなくてもいいオプション的な内容であることを意味します。
｛　｝：言い換え可能な別の表現を意味します。この中から、適切な言葉を1つ選んでください。
○○○、△△△：適当な語あるいは文が入ります。何が入るかは文脈によって異なります。

内容によっては○○○や△△△に文字を入れるだけでは、文章としてうまくつながらない場合もあり、言葉遣いの微調整は必要です。**テンプレートをそのまま利用してうまくいくケースは少ない**ので、無理に当てはめるのではなく、何を書くべきかを十分に理解したうえで使ってください。

要素と項目

　本書では、申請書で書くべき「11の要素」と、申請書で頻出する代表的な「15の項目（A〜O）」を設定しています。実用性を考えて項目ごとに説明します。要素と項目の対応関係については p.38（図2.2）を、項目がどの要素に対応するのか迷ったら何どこ早見表（p.46、表2.2）を見てください。

◯◯◯に迷ったらこう書こう、◯◯◯に迷ったらこう考えよう

　第2章2.2節のA〜Oでは、書くべき内容について科研費の「具体例」と、含まれる要素を「一般化した例」を示しています。具体例の内容に科学的妥当性や正確性はなく、あくまでも何をどこに書くかを示すための例文です。

　「具体例」の文章には、令和4年度の申請書を例として、どこにどれくらいの分量を書くのかがひと目でわかるように、該当する箇所をハイライトしています。絶対にそうであるべき、ということはありませんが、1つの目安として参考になるかと思います。代表的な申請書として基盤（C）、挑戦的研究（萌芽）、学振PDを取り上げています。右下の数字はダウンロードしたWord版の申請書におけるページ番号です。

#科研費のコツ

　各節の冒頭には〔#科研費のコツ 01 研究の価値＝重要性×解決レベル×多様性×速さ〕のように、関連するコツの見出しを紹介しています。

　科研費.comの専用ページ（https://kakenhi.com/）には、購入者特典として、本書では十分に紙面を割けなかったこれらのコツについて、より詳しい解説を掲載しています。

「時間をかけてじっくり」は大間違い。QUICK & DIRTYはすべてに勝る

　これから、申請書において何を、どこに、どう書くのかを説明していきますが、その前にどれくらいのスピードで初稿を完成させるべきかについて、お話しします。

　まず、もっとも大切なこととして、申請書を書き慣れていない方や自信がない方は、研究のことをよく知っている第三者（研究室主催者や経験豊富な同僚、共同研究者など）に申請書を見てもらうようにしましょう。科研費.comでも添削サービスを行っていますが、研究内容をよく知っている人に見てもらう方が確実です。ここでは簡単のために「上司」とします。

　さて、あなたの申請書が採択されれば、研究費が得られたり興味のある研究が前に進んだりと、上司にとっても何らかのメリットがあります。仮に純粋に親切心からチェックする場合であっても、上司からすれば、自分の時間を使った以上、あなたの申請書が採択されて欲しいと願うことは当然です。

申請書を上司に見てもらう時に**「粗い状態の申請書を見せると怒られるんじゃないか」**とか**「自分なりに納得のいく状態になってから見てもらいたい」**とか**「上司は忙しいので、何回も申請書を見てもらうのは申し訳ない」**と考えがちです。しかし、こうした考え方は研究に限らず、多くの場合あまり歓迎されない考え方です。申請書を良いものにするためにも、上司の時間を守るためにも、してはいけません。

次にあなたが理解すべきことは、**申請書に対する上司の期待は時間とともに増加していく**という事実です。上司は、「何も言ってこないということは、うまくいっているのだろう」と考えます。さらに、初稿に時間をかけると、そのぶん締め切りまでの時間が減ってしまい、その後の推敲や見直しに使える時間を十分に取れません。つまり、時間をかけてじっくり申請書を書こうとした場合、初稿の段階で80点くらいの申請書を提出できないと間に合いません。

しかし、現実問題として、申請書を書き慣れていない人が初稿で80点を取るのはかなり難しい、というかほぼ不可能です。まず、上司あるいは審査員が思う80点の申請書がどんなものなのか、経験が少ないあなたには予想できません。そして、自分で思っている申請書の出来ばえと上司から見た出来ばえには、大抵それなりのギャップがあるので、自分では80点だと思っていても上司から見るとせいぜい20点くらい、といったこともよくあります。論文や学会要旨などを添削してもらった後に自分の文章がほとんど残っていない、という経験は誰しもあるでしょう。

そうならないためにはどうすればいいのでしょうか？　たとえば、1ヶ月後が申請書の締め切りだとしたら、初稿はどれくらいのタイミングで持っていけばいいのでしょうか？　締め切りの2週間前？　1週間前？　そんな悠長なことをいっていてはいけません。様式をダウンロードしてから1週間以内（3週間前以上前）に20点を取りにいってください。たった20点でいいんです。その代わりに素早く。これがもし2週間前なら70点、1週間前なら90点くらいのものを持っていかないとアウトです。

さきほども述べたように、自分で80点くらいだと思っていても上司から見ると20点くらいというのはよくあることなので、まずは方向性を確認することが大切です。時間はたくさん使ったが、まったく見当違いのことをしていた、となってしまうと目も当てられません。

経験の少ない人の書いた申請書が最初から高い点であることはまずありえないので、2〜3日に1回くらいのペースで申請書を見せて細かくフィードバックを受けつつ、毎回10点くらいずつ積み増していって、2〜3週間かけて100点を取りにいくイメージです。見る側としても一度では完全に添削しきれないので、どうしても何度かやりとりをする必要があります。ある程度書けるようになってくると、見

せる頻度をもっと減らしたり、セルフチェックだけでも十分になったりしますが、書き慣れていないうちは申請書の方向性が合っているかを逐一確認しながら書き進めるようにすると、結果的にお互いの時間効率がよくなります。**くれぐれも、自分を過大評価して「1週間後に100点のものを見せてびっくりさせてやろう」とは考えないでください。**

「そんなに上司の時間を取ってしまうなんて…」と思うかもしれませんが、申請書が採択されることは上司にとっても重要であり、そのために時間を使うことは上司の仕事です。締め切りギリギリまで手元に申請書を抱え込み、直前にいちおう見せはしたものの、全然ダメで、結局時間切れで中途半端な申請書を提出することの方が最悪です。これでは、お互いの時間をドブに捨てるようなものです。

20点くらいの申請書とは

- ■ それぞれの項目についてどんな内容を書くのか
- ■ どこに問題意識があり、どういった研究をして何を明らかにするつもりなのか
- ■ どんな図を載せるつもりか

を一通り埋めきったのが20点くらいの申請書です。研究遂行能力や人権の保護など、お決まりのところについては、早い段階で書き終えておくとなおよいでしょう。こうすることで、この20点の申請書をたたき台として、あなたと上司は具体的なイメージを共有しながら、改善案について議論できます。

1.2 節　個人で応募可能な研究費の種目、研究期間、申請資格

研究費には科研費や学振以外にもさまざまな種類があり、次頁の表1.1にあるような研究費は比較的長い間続けられているプログラムです。一方で、2、3回だけ募集があって、そのままなくなってしまうプログラムも多く、どのような募集があるのか普段からアンテナを張っておくことが重要です。新設された研究費の場合、初年度は、重複制限や認知度の関係から倍率が低くなりがちです。採択の可能性が高まる絶好のチャンスです。

e-Radや各省庁のウェブサイト、助成金のポータルサイト、各大学の公募中の助成金リストから探すことで、ほとんどの場合は事足ります。各大学が独自に作成している公募中・公募予定の助成金リストは内部関係者のみに公開されている場合がほとんどですが、一部の大学では外部からでもアクセスできるので、見てみてもよいかもしれません。ほかには、SNSでの話題から探したり、同年代あるいは少し

表 1.1　主な研究費

種目	募集時期	研究期間と研究費（概算）	資格
文部科学省　日本学術振興会			
基盤研究（A）	7〜9月	3〜5年間　2,000〜5,000万円	
基盤研究（B）・（C） 若手研究	8〜10月	（B）3〜5年間　　500〜2,000万円 （C）3〜5年間　　　　　〜500万円 （若手）2〜5年間　　　　〜500万円	若手：博士の学位取得後8年未満
挑戦的研究 開拓・萌芽	8〜10月	（開拓）3〜6年間　500〜2,000万円 （萌芽）2〜3年間　　　　〜500万円	
研究活動スタート支援	3〜5月	1〜2年間　〜150万円／年度	研究機関に採用されたばかりの研究者や育児休業等から復帰する研究者
奨励研究	8〜10月	1年間　10〜100万円	教育・研究機関の教職員等で他の科研費の応募資格がない者
研究成果公開促進費　ひらめき☆ときめきサイエンス	8〜10月	1年以内　〜50万円	科研費の応募資格があり、過去または現在、研究代表者の経験を持つ者
研究成果公開促進費　学術図書	8〜10月	（紙媒体または紙媒体と電子媒体） 出版費−{定価×0.35×（部数×0.6）} （電子媒体）出版費×0.8	学術研究の成果を公開するための学術図書、または日本語で書かれた図書・論文を翻訳し刊行するもの
研究成果公開促進費　データベース	8〜10月	データベースの作成に必要となる経費の一部	必要性が高く、実用に供し得るもので、公開利用を目的とするもの
帰国発展研究	7〜9月	3年以内　〜5,000万円	日本国籍を持ち科研費応募資格を持たない准教授相当以上の海外在住の研究者が日本に活動の場を移す場合
特別研究員（学振） 特別研究員奨励費	3〜5月 翌1〜2月	（学振PD・RPD） 3年以内　〜120万円／年度 （学振DC） 3年以内　〜100万円／年度 （海外学振） 2年間　450〜750万円／年度* *都市・国によって異なり、滞在費も含む	DC：大学院博士課程に在学（外国人含む） PD・海外学振：学位取得後5年未満（取得見込み可）で日本国籍・永住許可を持つ者 RPD：出産・育児のため3ヶ月以上研究活動を中断した者など
若手研究者 海外挑戦プログラム	3〜4月 8〜9月	90日以上1年以下 ベンチフィーとして上限20万円 滞在費は100〜140万円	大学院博士後期課程に在籍する日本国籍・永住許可を持つ者で、連続して3ヶ月以上研究のために海外に滞在した経験がない者
卓越研究員事業	5〜6月	2年間　〜1,200万円	40歳未満（臨床経験者は43歳未満）で5年以内に研究実績がある者
二国間交流事業 共同研究	6〜9月	1〜3年間　〜250万円／年度* *国によって期間、研究費は異なり、50%以上を旅費として使うこと	
文部科学省　科学技術振興機構（JST）			
A-STEP	3〜5月	（トライアウト）2年間　〜300万円 （育成型）3年間　〜1,500万円	
さきがけ	4〜5月	3.5年間　〜4,000万円	
ACT-X	4〜5月	2.5年間　数百万円程度	博士の学位取得後8年未満
創発的研究支援事業	第3回は 　5〜7月 第4回は夏以降	（フェーズ1） 3年間　〜2,000万円 （フェーズ2） 追加で4年間　〜5,000万円／7年	日本国内の研究機関に所属する者で博士号取得後15年以下*の者 *臨床研修や出産・育児・介護は考慮
内閣府　日本医療研究開発機構（AMED）			
PRIME	4〜5月	3.5年間　〜4,000万円	
厚生労働省			
厚生労働科学研究費補助金	12〜1月 3〜5月 8〜9月	2〜3年間　500〜2,500万円* *課題により研究期間、予算は異なる	国内の試験研究機関等

上の研究者の研究費獲得履歴から探すのも有効です。

　研究費にはチームで応募するものと個人で応募するものがありますが、表 1.1 には個人で応募可能な研究費の一部をまとめています。科研費以外にもさまざまな研究費があり、民間財団の助成金もあわせると 1 年を通して応募が可能です。

　ほかにも経済産業省の NEDO や農林水産省の戦略的イノベーション創造プログラム（SIP）など各省庁系の研究費や民間財団、HFSP（Human Frontier Science Program）の Research Grants や Postdoctoral Fellowships などさまざまな研究費があります。

科研費や学振の審査基準と選考プロセス

　こうした研究費のなかでも、もっとも身近な研究費が科研費です。科研費は、人文・社会科学から自然科学までのすべての分野にわたり、基礎から応用までのあらゆる「学術研究」（研究者の自由な発想に基づく研究）を格段に発展させることを目的とする「競争的研究資金」です。また、大学院生の登竜門である学振の採択者が応募可能な特別研究員奨励費も科研費の 1 つです。

　審査基準や選考プロセスはとても気になる情報なのですが、毎年のように変更があり複雑です。日本学術振興会（JSPS）のウェブサイト（https://www.jsps.go.jp/）には、各プログラムの詳細なガイドラインや応募要項、審査基準、スケジュール等の詳細な情報が掲載されています。最新の情報を入手するために、JSPS のウェブサイトを定期的にチェックすることをおすすめします。また、科研費 FAQ（https://kakenhi.jsps.go.jp/）には、250 件以上の質問と回答が掲載されており、研究費に関する疑問や不明点に対する解説が提供されています。

　申請区分を変更したことで採択されたという話も聞きますが、それが実際に採択に寄与したのかどうかは個別のケースによります。審査プロセスに過度に気を使いすぎてもあまり採択率には影響しません。むしろ、重要なのは研究内容を明確に伝え、分野外の審査員が適切な評価を行えるように必要な情報を提供することであり、本書はその点を解説するものです。

科研費・学振申請の実際

　研究費を取り巻く環境の現状認識は重要であり、研究費の競争率や審査基準の変動を把握し、自身の研究計画を適切に準備することが求められます。2006 〜 2023 年にかけての推移を p.10、11 の図 1.1、1.2 に挙げます。

科研費の応募者数・採択率・平均配分額の推移

　挑戦的萌芽から挑戦的研究（萌芽・開拓）に変更になったことで、配分額は 1.5 倍ほどになりましたが、採択率は一気に下がりました。一方で、他の種目は採択率こそわずかに改善している一方で、平均配分額は 2006 年から 2022 年にかけて 2 割ほど減っています（試薬代や人件費は下がらないのに）。

　さらに、研究費の平均配分額からもわかるように、ほとんどの人が満額で申請しているにもかかわらず、実際の配分額は 70％程度になっています。これは、精査した結果の減額ではなく、ほぼすべての人が一律に減額されてしまう機械的なオペレーションの結果です。ただし、挑戦的研究の場合は、

研究種目の趣旨に沿った研究課題を厳選して採択するため、採択件数を一定数に絞ります（※）が、挑戦的な研究計画の実行が担保されるよう、応募額を最大限尊重した配分を行う予定です。

参考　科研費公募要領

とあるように、**挑戦することのインセンティブとして、充足率が原則 100％で設定されています。** もっとも、挑戦的研究になってからはアイデアよりも予備データ、業績勝負になってしまい、かなり競争が激しいです。

　このように、研究費をめぐる環境はあまり良くなく、人によっては 2 つ 3 つと採択されないと十分に研究が進められない状況のようです。いろいろな申請書に継続的に応募するためにも、個々の申請書をいかに素早くかつ高いクオリティで作成できるかが重要になります。

学振の応募者数・採択率の推移

　学振 DC1 と DC2 の応募者数は増加している一方で、PD や海外学振の応募者数は減少しています。学振 PD では 2006 年から 2023 年にかけて半分以下となり、将来の研究者の人材不足が懸念される状況です。一方で、採択者数はほぼ一定水準に保たれていることから、競争は一時期よりもかなり緩和され、いずれの種目でも 20％前後の採択率となっています。応募するチャンスが一度きりではないことを考えると、順調に研究成果を積み、一定以上のクオリティの申請書を出し続けられれば、採択のチャンスがまわってくることを期待してもよさそうです。

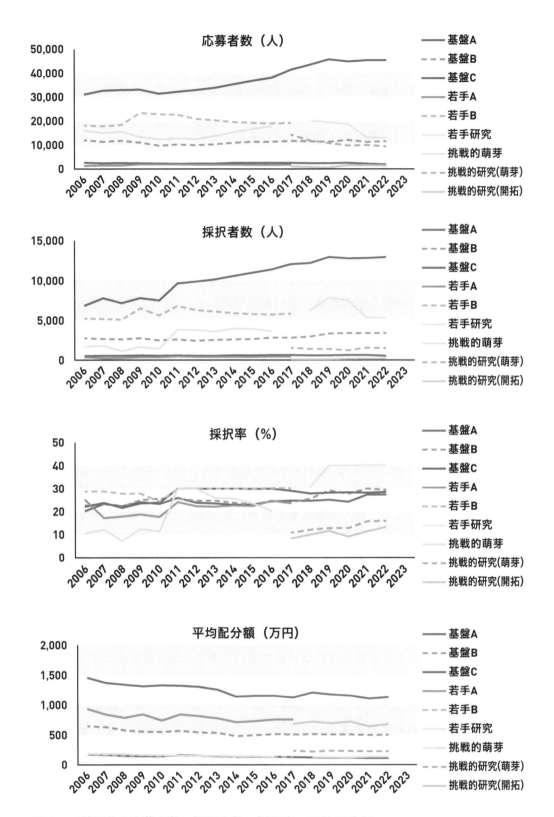

図 1.1　科研費の応募者数、採択者数、採択率、平均配分額

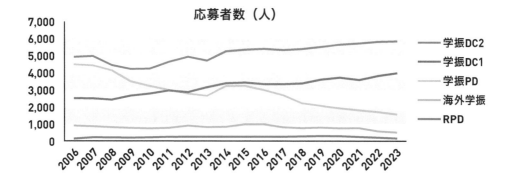

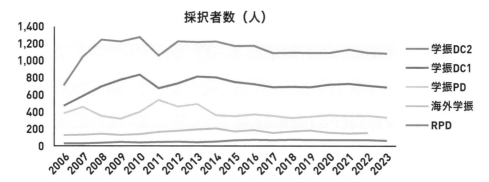

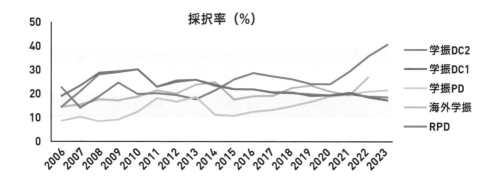

図 1.2　学振の応募者数、採択者数、採択率

1.3 節　何を研究するか

#科研費のコツ **01** 研究の価値＝重要性×解決レベル×多様性×速さ

#科研費のコツ **02** 「なぜ、いま」「あなたが」「この研究を」する必要があるのか？

　ここからはいよいよ申請書の書き方を解説しますが、実際に手を動かし始める前に、何を研究するかを考えましょう。

「何を研究するか」に迷ったらこう考えよう

「何を研究するか」を言い換えると……なぜ、他の研究ではなく、この研究に取り組む必要があるのですか？

NG この研究はこれまでに取り組まれておらず、新しいから。

OK この研究は重要であるにもかかわらずこれまでになされておらず、申請者なら他の人よりもうまく取り組むことができるから。

研究とはこれまでに成されていないことに取り組むものですから、単に新しいだけでは研究をする理由になりません。

- 他の人にとっても｛重要である／大きな弊害がある／メリットがある｝にもかかわらず残されていた問題である。
- 他の人には｛できない／解き方が思いつかない｝が、申請者ならできる。

ことを伝える必要があります。誰もが思いつくことを誰もが思いつく方法で研究するだけなら、別に他の人であってもよく、あなたの研究計画を積極的に選ぶ理由に乏しくなってしまいます。

図 1.3　なぜ研究する必要があるのか？に対する答え

おもしろい研究テーマは重要だ

良い研究の条件の 1 つはおもしろいテーマを扱っていることです。しかし、いったん研究を開始してしまうと、研究テーマの妥当性について振り返る機会は少なく、後になって「あれ？　何を知りたくて、この研究をしていたんだっけ？」となってしまった経験のある方もいることでしょう。申請書を書くこのタイミングは、自らの研究のモチベーションを改めて考える良い機会です。いきなり書くのではなく、まずはテーマそのものについて考えてみましょう。

　テーマ選びの重要性は、料理に例えるとわかりやすいです。ここでは料理人（研究者）であるあなたが、食材（研究テーマ）を調理（研究）して、料理（研究成果）を生み出します。高級なツバメの巣からはすばらしいスープができますが、ありふれたツバメの巣からは泥のスープしかできません。高級な器に盛り付け、見栄えを良くしたところで本質的価値は変わりません。もちろん、料理人が未熟だと高級食材を台無しにして泥のスープにしてしまうことはあるでしょうが、注目すべき点は、**いかに優れた料理人でも、つまらない食材から、すばらしい料理を生み出すことはできない**という点です。私たちはまず、良い食材（すばらしい研究テーマ）を見つけなくてはいけません。

あ り ふ れ た ツ バ メ の 巣
（ありふれた研究テーマ）

料理人
（あなた）

泥のスープ
（つまらない成果）

この非対称性が
ポイント！

高級なツバメの巣
（すばらしい研究テーマ）

高級なスープ
（すばらしい成果）

図 1.4　研究テーマの重要性は食材の選定と似ている

おもしろい研究テーマの要素

　何を研究するかを考えたときに、「おもしろい研究テーマ」であるべきだと述べました。では、おもしろい研究テーマとは何でしょうか？

　おもしろい研究テーマとは「価値のある問題」を扱うものです。価値のある問題は次の 4 つの要素に分けることができます。

1. 重要性
2. 解決レベル
3. 多様性
4. スピード

　おもしろい研究テーマ
　　≒すばらしい研究テーマ
　　＝解く価値のある問題
　　＝① 重要性 × ② 解決レベル × ③ 多様性 × ④ 解決スピード
　　＝良い申請書

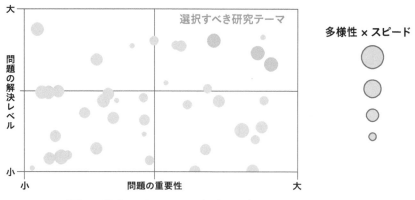

図1.5　選択可能な研究テーマ（○）は多いが、実際に選択すべき
　　　　研究テーマ（●）は少ない

❶ 対象の重要性

　すでに多くの人が重要だと認識している「長年の未解決問題」に答えを出すことができれば、高く評価されます。たとえば、**2つ以上の異なる説がある中で、どちらが正しいのか明らかにする、これまで多くの人が挑戦してきたものの未解決だった問題に答えを出す**、などはこれまでに多くの人が関わってきていることから、重要性が担保されている問題です。

　その他に、問題の解決や新たな取り組みによって、**従来の物の見方や考え方の大幅な変更につながる研究、これからの研究の方向性や社会のあり方や市民の行動を変容させる研究**、も扱うべき重要な問題です。ただし、この場合は問題の重要性について審査員を説得する必要があります。

> **NG** わたしの家の庭石の産地は不明なので、本研究で明らかにする

> **NG** がん患者の読書傾向を明らかにする

　たとえ研究が最大限うまくいったとしても、ほとんどの人にとってはどうでもよい結果しか得られない研究も山ほどあります。こうしたテーマは、どんなに優れた方法で研究しようとも、研究の重要性を納得してもらうことは困難です。自己満足で終わってしまう研究はおもしろい研究テーマといえません。

　研究の重要性を考える際に、多くの人は「本研究は未解明のことを扱っているから重要である」という主張をしがちです。しかし、注意してもらいたいのは、未解明である≠研究すべきである、という事実です。未解明のまま残されている問題のなかには、くだらなさすぎるために誰もあえて研究をしてこなかった問題が結構な割合で含まれています。その研究がなぜ重要だと考えられるのか、を明確に示すことができる課題を選ぶ必要があります。

❷ どの程度解けるか

「理解した」「新たな価値を提示できた」というためには、問題の解決や価値創造を一定水準以上で行う必要があります。しかし、簡単ではないからこそ、未だに解決されずに残されたままなのです。最先端の手法、あなた独自のアイデアや工夫などを通じて、**他の人にはできないが、自分ならギリギリできる**ことを狙う必要があります。これは申請書における「独自性・独創性」や「着想の経緯」に該当します。

> **NG** 宇宙の果てを明らかにする

> **NG** ワープ装置を開発する

現時点で研究テーマを実現するためのヒントや独自技術、アイデアを持っていないのであれば、そのテーマは選択肢には入りません。どんなにすごい研究テーマであっても、実現できないならば「絵に描いた餅」です。

❸ どれだけ多様性を持つか

女性限定・外国人限定・年齢制限・融合研究推進などにも見られるように、研究者は同質を嫌い、多様性を確保しようとします。その他大勢とは異なる独自の技術・アイデア・アプローチから問題に取り組めば、多様性の確保につながるとして評価されるでしょう。

流行りの分野で、既存の手法、使い古されたアイデアで漫然と研究していると、一握りの勝者と大多数の敗者が生まれるだけです。**なるべく他と被らず、自分の強みを活かした尖った研究**をする必要があります。

> **NG** シェークスピアの研究

> **NG** がんの研究

申請者ならではの新たな視点や強みがとくにないのであれば、これまでにさんざん研究されてきた内容をさらに掘り下げ、わずかばかりの進捗を得たとしても大したインパクトにはつながりません。可能であるならば、自分が他の人よりも有利に戦えるフィールドを選択する必要があります。

❹ 問題をどの程度すばやく解けるか

仮に問題を完璧に解けたとしても、期間内に達成できないのであれば研究の価値は大幅に下がってしまいます。**予備データがある、研究の方向性は正しそうである、**

すでに**資料・材料が揃っている**、など期間内に問題を解決できる可能性が高いことは、研究課題を選定するうえで重要な要素です。

　また、大抵の研究費には研究期間が設定されていますし、年齢・卒業・任期などの時間的制約もあるので、期間内に終えられる見込みがある研究テーマを設定することは、生存戦略としても重要です。

1.4 節　オズボーンのチェックリスト

#科研費のコツ 03 アイデアのはさみうち
#科研費のコツ 04 研究アイデアを生みだすためのフレームワーク

　実際におもしろい研究テーマを見つけるためにはアイデアが重要です。ここでは新しいアイデアを生み出すツールとして「オズボーンのチェックリスト」を紹介します。

　オズボーンのチェックリストは、以下の9つの質問に答えることで既存のアイデアや成功例に変化を与え、新しいものを生み出すための思考ツールです。新しい研究アプローチを考える時に役立つことでしょう。

コップを電灯のカサに

1. 転用
■ 新しい使い方は？　■ 改善・改良して使いみちはないか　■ 他の分野で使えないか　■ 他の分野で必要とされていないか？
研究における実例：ドラッグリポジショニング、GPCR を用いたオプトジェネティクス、GFP を利用した pH センシング

積み上げられるコップ

2. 応用
■ 他（過去）に似たような例はないか　■ 何かを真似できないか　■ コンセプト等を使えないか　■ 手本はないか
研究における実例：モルフォ蝶を模倣した構造発色、数学の証明に物理学の考え方を利用、DNA バーコーディング

飲み干さないと
倒れてこぼれるコップ

3. 変更

■ 意味・色・動き・様式・型・対象・頻度など
を変えたらどうなるか

研究における実例：ライトシート顕微鏡、文学作
品の再解釈、電話の意味の拡大→スマホ（結合や
拡大ともみなせる）

雨水を取り込める
コップ型の家

4. 拡大

■ 大きく・長く・強く・高く・厚くできないか
■ 地域・対象・頻度・時間を増やせないか

研究における実例：各種の網羅解析、長鎖 DNA
の合成、スパコンの性能向上、世界の複数地域で
の統一調査

試飲専用の
使い捨てカップ

5. 縮小

■ 小さく・短く・弱く・低く・薄く・シンプルに・
簡易にできないか　■ 省略・分割できないか

研究における実例：1 細胞解析、超解像顕微鏡、
マイクロフリュイディクス、テーラーメイド医療

氷でできた
ウィスキー用コップ

6. 代替

■ 物・材料・製法・方法・利用場所・対象・人
を変えたらどうか

研究における実例：レアアースを含まない触媒、
コンテキストの違いによる行動変化、官能基を変
えることで特性変化

持ち手を内側にして
冬場に手を温める

7. 置換

■ 要素・配置・順序・因果・成分を変更できな
いか

研究における実例：処理手順を入れ替えることで
効率アップ、当たり前と思って入れていた物が実
は不要だった

上下を入れ替え、
安定性を増したコップ

8. 逆転

■ 上下・左右・前後・反転・役割を逆にできないか　■ 弱みを強みに変えられないか

研究における実例：接着力の弱いのり→付箋、研究データを公表する→公表されたデータを用いて研究する

持ち手が握力計
になったコップ

9. 結合

■ 2つのアイデア・最先端の技術・異分野の方法論・手順などを組み合わせたらどうなるか
■ 結合・合体・融合・混合できないか

研究における実例：経済学＋心理学＝行動経済学

注意点

　オズボーンのチェックリストは 1 → 10 の発想には向いていますが、0 → 1 の発想には不向きです。ほうきを素早く動かす方法を考えても掃除機は生まれませんし、うちわを素早く動かす方法を考えても扇風機は生まれません。そのため、オズボーンのチェックリストを利用する場合は、なるべく良いアイデア・成功例を持ってくる必要がありますし、0 → 1 を生み出したい場合は別の思考ツールを用いたほうがよいでしょう（ #科研費のコツ 04 ）。

1.5 節　エフォート

エフォートとは

　エフォート（研究充当率）は、「研究活動の時間のみならず教育・医療活動や兼業部分等、すべての業務等を含む研究者の全仕事時間を100%とし、そのうち当該研究の実施に必要となる時間の配分割合（%）」として定義されています。

　科研費審査において、エフォートの多少は審査項目には含まれておらず、エフォートが低いという理由で不採択にしてはならないことになっています。ですので、給与や研究時間の算定に関わってこない限りは、エフォートの数字を気にしす

表 1.2 エフォートの目安

種目	研究費規模	エフォート
どうしても熱意を示したい特殊な場合（さきがけ専任など）		90%
学振 PD	80 ～ 150 万円/年＋給与	60%
さきがけ（兼任）	1,000 万円/年	40%
基盤 A、新学術領域・学術変革（計画班）など	1,000 万円以上/年	30 ～ 40%
基盤 B, C、若手研究、挑戦的研究（開拓）新学術領域・学術変革（公募）	300 ～ 1,000 万円/年	20 ～ 30%
挑戦的研究（萌芽）	150 ～ 250 万円/年	10 ～ 25%
研究活動スタート支援	300 万円以下/年	10 ～ 20%
研究分担者	300 万円以下/年	5 ～ 15%
民間財団	50 ～ 300 万円/年	1 ～ 10%

エフォート（プロジェクト従事率（年間））

＝ 当該プロジェクト従事時間 ÷ 年間の全仕事時間（※）

（※）裁量労働制が適用されている場合は、みなし労働時間とする。
　　　参考　文部科学省「令和 2 年 3 月 31 日資金配分機関及び所管関係府省申し合わせ」

ぎる必要はありません。実際、年齢が若い（キャリアが浅い）人は多めのエフォートを書く傾向にありますが、だからといって審査において特段有利になったりはしません。ただし、審査員の印象に影響する可能性は十分にあるため、過度に低いエフォートは書かない方が無難であり、研究費に応じたエフォートを書いておくようにしましょう。

エフォートの決め方

「エフォート」欄は、本応募研究課題が採択された場合を想定した時間の配分率（1 ～ 100 の整数）を入力すること。

参考　研究計画調書（Web 入力項目）作成・入力要領

エフォートは 1 ～ 100％を入力しないとエラーになりますので、必ず入力してください。

参考　令和 4（2022）年度説明資料に関する主な質問への回答について

　このようにエフォートは研究にかける時間の配分率を自然数で書くことが求められています（e-Ra 操作マニュアルは「0 ～ 100 までの整数」と矛盾しています）。
　また、直接経費から人件費が支払われるプロジェクト雇用の場合は、

エフォートは、5％から100％までの5％刻みの20段階で設定することを…

参考　文部科学省　エフォート管理の運用統一について　資金配分機関及び所管関係府省申し合わせ　令和2年3月31日

のように書かれていることから、エフォートは5％単位であることを想定している
ようです。エフォートのやりくりが厳しい場合は1％単位でもよいでしょうが（実
際、見たことがあります）、通常は無難に5％刻みで書くようにしましょう。

　若手が大型予算を取れる数少ないチャンスである「さきがけ」などの場合では
40％以上が目安とされているようで、少ないとエフォートを積み増すことを求め
られるようです。通常であれば、研究代表者で20〜30％程度、研究分担者だと5
〜15％程度も確保しておけば十分でしょう。また、エフォートの高さは熱意の大
きさとも解釈されることもあり、たとえば90％といった極端なエフォートを提示
することで、そのプロジェクトに賭ける熱意を伝えることも可能です（とくに合議
制の審査があるような研究種目で有効です）（図1.8）。

　エフォートは後で減らすことも可能ですので、余裕があるならまずは多めで出し
ておけば無難です。しかし、エフォートの修正申請が可能になるのは採択後なので、
追加で別の研究費に応募する可能性がある場合は、配分に注意を払う必要がありま
す。また、90％のような極端な値ではない限り、一定以上のエフォートであれば
審査員の印象に大きな違いはありません。

プロジェクト雇用、専任教員の場合

　プロジェクト雇用、専任教員の場合は、職責としてそのプロジェクトに関わるわ
けですから、それ以外の研究への参加には制限が課されます。とはいえまったくダ
メなわけではなく、ある程度の裁量が認められていますので、研究費側と雇用側の
双方のルールをしっかりと理解して応募しましょう。

プロジェクト雇用の40歳以下の研究者の場合、PI等が、当該プロジェクトの推進
に支障がない範囲であると判断し、所属研究機関が認めること（当該プロジェクト
に従事するエフォートの20％を上限とする）

参考　内閣府　競争的研究費においてプロジェクトの実施のために雇用される若手研究者の自発的な研究活動等に関す
る実施方針　競争的研究費に関する関係府省連絡会申し合わせ　令和2年12月18日

日本学術振興会特別研究員（SPD・PD・RPD）が受入研究機関として本会に届け
出ている研究機関において応募資格を得た場合には、「新学術領域研究（研究領域
提案型）の公募研究」、「基盤研究（B・C）」、「挑戦的研究（萌芽）」、「若手研究」

に限り応募することが可能です。

参考　特別研究員　よくある質問　設問 11

①特別研究員奨励費の研究課題の研究遂行に支障が生じないこと（特別研究員としての活動時間のうち、特別研究員奨励費の研究課題に係る研究活動時間が、年間を通じて概ね 6 割を下回らないこと）

参考　日本学術振興会特別研究員（PD）の科研費応募に関する重複制限の緩和について（2013 年 6 月 5 日）

　　また、研究機関によっては、

- 専任教員は学生への教育等の活動があるので、エフォートの 50 ％以下で研究すること
- 特任教員や博士研究員（とくに国家プロジェクト雇用）については、雇用財源の研究課題が本来のミッションであるはずなので、エフォートの 10 ％以下で研究すること

といった指示があるようですので、必ず確認してください。

エフォートは変えられる

　　エフォートは後で変更することができます。e-Rad 内に「エフォートの管理」タブがあり、そこで修正申請を行うことができます。この機能が存在することの意味を考えると、合計値が 100 ％を超えないように後からでも適切に調整することが可能であるということです。ではどういった場合にエフォートを変更することができるのでしょうか？

新しい仕事が増えた

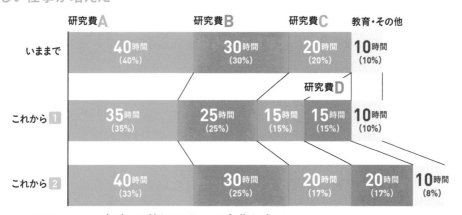

図 1.6　エフォート（％）は状況によって変化しうる

参考　文部科学省、エフォートの考え方　https://www.mext.go.jp/content/20210331-mxt_jishin01-000013574_05.pdf

エフォートとは自分の持ち時間を100％として、その割合を示すものです。今、図1.6の「いままで」のように研究費A～Cと教育・その他をそれぞれ40時間・30時間・20時間・10時間（合計100時間）で配分していたとしましょう。すると、エフォートは40％・30％・20％・10％となります。いま、ここで研究費Dを取ってくるために新たにエフォートを割り当てる必要があるとします。持ち時間（100時間）が変わらないとすると「これから1」のように、それぞれから少しずつ時間を削って捻出することになります。

　実際にこういう割合で働く以上、良い悪いではなく、必然的にエフォートは下げる必要があります。研究費の年額が500万円以下のものについては、思い切った値に下げてしまっても修正は認められると思います。一方で、大型予算の場合は、配分機関としては研究に専念してもらいたいので、研究時間を削るようなエフォートの下げ方は、認めたくないと考えるかもしれません。

自分が研究する時間が減った

　では、個々のプロジェクトにかける総研究時間を削らずにエフォートを下げる方法はあるのでしょうか？　繰り返しますが、エフォートとは自分の持ち時間を100％として、その割合を示すものです。ここでは「自分の持ち時間」に着目します。

　アルバイトやパート、博士研究員などの雇用により、研究に携わる人員が増加すれば、研究に費やす総時間を維持しつつも自分が使う時間を減らすことができ、エフォートを下げることが可能になります。注意点としては、計画時に人を雇用することを前提としてエフォートを見積もっている場合には、こうした効果は折り込み済みとなっていると考えられますので、エフォートを下げることに対する説得力は下がってしまいます。

　また、研究期間の最終年度などの場合、研究が当初の計画を上回るペースで進んだため、申請した研究計画の範囲ではすることがなくなったという状況が生まれることがあります。この場合は、仕事量そのものが減るのでエフォートを下げることは当然だといえるでしょう。

研究する時間が増えた

　「これから2」では個々のプロジェクトに費やす時間は変わりませんが、持ち時間が100時間から120時間へと拡大することによって、エフォートが低下しています。この場合、研究時間を削っているわけではないので、研究は以前と同じペースで進めることができると主張しやすくなり、エフォートを下げることも認められやすくなるでしょう。

　研究活動が裁量労働である場合には、100時間を120時間に延ばすことは理屈の

うえでは可能です。持ち時間の拡大分を新たな研究に費やせば、これまでのプロジェクトに影響することなく新しいことを始めることができます。ただ、これが正当な理由として通じるかどうかは微妙なところです。かつて「この研究費が採択されたら1.5倍働くから問題ない！」といったものの却下された人がいたと聞きました。通勤時間が減った、研究以外の業務が終わり時間に余裕ができた、などであれば認められるかもしれません。

エフォートの修正方法

採択後の課題に登録されているエフォート値を修正する申請をします。修正には所属研究機関の承認と配分機関が受理する必要があります。

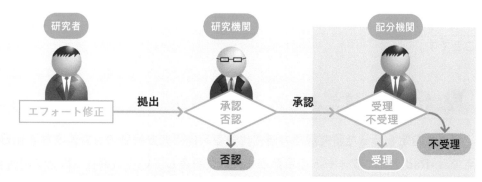

図1.7　e-Rad に掲載されているエフォート修正のフローチャート
(参考　e-Rad（研究者向け）操作マニュアル)

　e-Rad トップページの「エフォートの管理」から「エフォートの修正申請」と進むと、エフォートの修正が可能です。エフォートの修正は比較的早く行われますが、それでも数日はかかりますので、余裕をもって申請するようにしましょう。詳細な手順については e-Rad 研究者向け操作マニュアルの「6. エフォート修正編」を見てください。

　また、エフォートの修正申請をしたとしても承認されるかどうかは研究機関の承認と配分機関の受理が必要です。修正理由を書く欄などはとくにありませんが、万が一問い合わせがあった場合にも、しっかりと答えられるよう考えておくようにしましょう。

エフォートの疑問

Q1. いつの時点のエフォートを書くのか

「エフォート」欄は、本応募研究課題が採択された場合を想定した時間の配分率（1 ～ 100 の整数）を入力すること。-（中略）- 本応募研究課題が採択された際には、改めてその時点におけるエフォートを確認し、エフォートに変更がある場合には、e-Rad 上で修正した上で交付申請手続きを行うこととなる。

参考　研究計画調書（Web 入力項目）作成・入力要領

すなわち複数種目に応募する際には、いったんそれらがすべて採択された場合のエフォートを書く必要があり、その後、実際に即したエフォートに修正するということです。

Q2. 100%を超えるとどうなるのか

交付の内定を行った研究課題の研究代表者又は研究分担者のうち、本件通知日時点で、e-Rad 上でエフォートの合計が 100％を超過している研究者（以下「超過者」という。）については、その旨を別途連絡します。当該連絡があった場合は、交付申請書の提出までに e-Rad に登録されているエフォートを修正する必要があり、エフォートが 100％を超過している状態が解消されるまで、超過者が研究代表者又は研究分担者として参画している研究課題については、交付決定を行いません。

参考　科学研究費助成事業（学術研究助成基金助成金）の交付内定について（通知）

Q3. 重複制限により、明らかに重複して受給できない種目がある場合はどうするのか

科研費において、重複応募は可能であっても、重複して採択されることがない研究種目（特別推進研究等）を入力する場合は、「ー」（ハイフン）と入力すること。

参考　研究計画調書（Web 入力項目）作成・入力要領

重複制限により、両方を受給できないことが確定している場合には大きい方のエフォートを持つ種目が採択された場合を想定することになります。

Q4. 海外の研究費や民間財団もエフォートを書くのか

　科研費への応募に当たっては、「統合イノベーション戦略 2020」において「外国資金の受入について、その状況等の情報開示を研究資金申請時の要件」とすることとされたことを踏まえ、令和 3（2021）年度科研費の公募より、研究計画調書の「研究費の応募・受入等の状況」欄に海外からの研究資金についても記入することを明確にしています。<u>国内外を問わず、競争的研究費のほか、民間財団からの助成金、企業からの受託研究費や共同研究費などの研究資金について全て記入してください。</u>

参考　令和 4（2022）年度研究計画調書（Web 入力項目））作成・入力要領

となっていますので、記入は必須です。以前は必ずしも記入が必要なかったので、1 人あたり 10 万ドル程度の予算がもらえる HFSP などもエフォート記載が必須ではなかったという話も聞きます。

Q5. エフォートが高い方が採択されやすいのか

　科研費や学振の評価項目は公表されていますが、その中にエフォートに関するものはありません。エフォートは研究費の「不合理な重複」や「過度の集中」を排除するために用いられ、エフォートが高いことは直接の評価対象とはなりません。

　ただし、あまりにも低すぎるエフォートは研究遂行の本気度を疑われかねませんし、ボーダーライン前後の申請書を比較する際にはエフォートが高い方が印象はよいでしょう。研究費の種目にもよりますが 10 ～ 30％のエフォートを書いておけば問題なく、一部の高額な研究費の場合には 40％以上のエフォートであることが求められます。

...まぁ、それなりにやります

全力で頑張ります！！！

エフォートが低い　　　エフォートが高い

実際問題のところ、エフォートの違いはたかだかこの程度だが、審査員の印象には影響する

図 1.8　エフォートの高低と印象の違い

「研究課題名」に迷ったらこう書こう

具体例（過去の基盤 A の申請書より）

流動性足場・曲面足場設計に基づく オルガノイドの精密誘導技術の開発
　　　　　方法　　　　　　　　　　　　目的

新出簡牘資料による 漢魏交替期の地域社会と地方行政システムに関する総合的研究
　　　方法　　　　　　　　　　　　目的

一般化例

（〇〇〇{による／に基づく／を利用した}、）△△△の{開発／解明／確立／解析／研究}

研究課題名の要素

　研究課題名には、以下の 3 つの要素が含まれています。実際にはこれらすべての項目を研究課題に含めることはなかなか難しく、いくつかを選んで研究課題名にすることが一般的です。

- ■　どうやってするのか（方法、アイデア、研究アプローチ）
- ■　何をするのか（目的、本研究で何を示すのか、本研究のゴール）
- ■　どこを目指すのか（展望、最終的にどうなれば嬉しいのか、究極のゴール）

どうやってするのか

　研究の価値の源泉は他の人にはできないことをすることにあります。そのため、研究方法やアイデアを「どうやってするのか」として課題名で示すことは、研究の価値を端的に示すことにつながります。

何をするのか

　本研究において「何をするか」は申請書の核であり、審査員がもっとも知りたいことです。もちろん、申請書を読めば書いてあるのですが、研究課題名で書いておけば、審査員は楽におおよその内容をつかむことができます。

どこを目指すのか

　本研究がどこにつながっているのか（展望）を示すことは、研究の重要性をアピールする良い方法です。どんなに素晴らしい研究であっても、その後、誰にも何にも成果が利用されないのであれば、評価は半減です。

研究課題名の構成

　研究課題名はこれら「どうやってするのか」「何をするのか」「どこを目指すのか」の3つの組み合わせです。ここでは、KAKEN（https://kaken.nii.ac.jp/）で公開されているデータをもとに、経験豊富な研究者がつけたであろう基盤Aの研究課題名の特徴を見ていきましょう。

　比較的最近に採択された基盤Aの中から約500課題を無作為に抽出し、課題名にどのようなパターンがあるのかを解析しました。

オールラウンダーを目指す「方法＆目的＆展望」型（全体の約2%）

　「この研究で何をするのかも、その先に何があるのかも、どうやってやるのかも、全部盛り込んだよ。どうしても長くなってしまうけどしょうがないよね」というパターン。

- 作物栽培技術学習のための多元センシングに基づく作物栽培知識マップの形成
- 頭蓋内脳波を用いた嚥下の脳機能解明とブレインマシンインターフェース
- 分子性強誘電体のイノベーション：柔粘性結晶を利用した高性能焦電・圧電材料の開発
- 骨ー疾患連関を基盤に骨折予防を健康寿命延伸に繋げる大規模コホートの長期追跡
- コイ目魚類の大系統解明：ミトコンドリアゲノム分析による国際的イニシアチブの確立

　字数制限のある中で全部を盛り込むのは難しく、このタイプの課題名は多くありません。課題名だけで何をやるのかがだいたいわかる点は優れていますが、どうしても長くなりがちなので研究のキーワードによっては収まらない場合もありそうです。

スタンダードな「方法＆目的」型（全体の約27.5%）

　「現実的な目的とそれを達成する方法を示さないと始まらないよね。これができたらどういう未来が待っているか、については本文を読んでね」というパターン。

- 流動性足場・曲面足場設計に基づくオルガノイドの精密誘導技術の開発
- 雇用保障と社会保障の認知と選好：パネル化認知・コンジョイント実験分析
- 植物ポリマーを利用した多機能バイオ化成品製造エコリファイナリーシステムの開発
- TDP-43病理形成・分解機序に着目した筋萎縮性側索硬化症の分子病態解明

- と制御
- アルキルアミド型付加体をプローブとした脳内老化評価システムの確立と応用
- イスラーム国家の王権と正統性 —— 近世帝国を視座として

　2番目に多いパターンです。バランスが取りやすく、オーソドックスな形式です。良くも悪くも普通ですので、課題名で冒険する必要がないと考える人はこのパターンにしておけば間違いありません。「応用」や「展開」という言葉が入っている場合に「方法＆目的＆展望」型との区別は曖昧です。

ひたすら夢を語る「目的＆展望」型（全体の約3%）

　「どうやってやるのか、なんてどうでもよいでしょ！　だって、これができたらすごいんだから。達成する方法が知りたいなら、本文を読んでね」というパターン。

- 悪性脳腫瘍の標的免疫療法を実現する脳腫瘍浸透型ナノキャリアの開発
- 手話翻訳システム構築を目指した手話対話における文単位の認定
- レトロウイルス感染症の根治を目指した新規光ゲノム編集技術の開発
- 電気自動車モータ用磁性材料開発のための多機能分析磁気光学プローブシステムの構築
- 肥育牛の肉体的・精神的健康を目指す多様なセンサ群の開発とスマート畜産の先導
- 編集文献学に関する総合的研究—日本の人文学における批判的継承をめざして—

　すべてを盛り込んだタイプほどではないですが、長くなりがちなのと、直近のゴールと将来のゴールというある意味不可分のものが並ぶので、やや書きづらそうです。夢を強烈に語るので、内容もそれに合わせて書く必要があります。ほとんどの場合、先に大きい夢（展望）を語り、続けてそのための具体的な方法（本研究のゴール）を書きます。

技術に自信あり！「方法のみ」型（全体の約1.5%）

　「新しい技術・方法を使えば何か新しいことがわかるでしょ。だって新しいんだから。これができたら、何になるかって？　本文を読んでね」というパターン。

- 光検出磁気共鳴イメージング
- 折り紙エレクトロニクス
- 半導体光フェーズドアレイを用いた高速イメージング

- 民事訴訟の計量分析（後期調査）
- 超臨界及び液体二酸化炭素の岩盤圧入小規模現場実験
- 物理エンコーダの同時最適化による物体認識モデル

技術やアプローチのすごさが伝わるのであれば、シンプルでよいかもしれません。しかし、最先端すぎると伝わらず、すでに普及していれば陳腐化する、というかなり微妙なバランスでしか成立しない気もします。このタイプの課題名が少ないことも納得です。

やりたいことをする「目的のみ」型（全体の約53%）

「私はこれがしたいのだ！　どうやるか、それができたら何になるのかは目的の重要性に比べたら些末な問題なので、どうしても知りたいなら本文を読んでね」というパターン。

- 非コードRNA遺伝子をゲノムワイドに発見する汎用システム
- 最小記述量の計算困難さの解析
- 対話型中央銀行制度の設計
- 肝ヘテロ細胞ダイナミクスの数理モデル化
- 血中循環がん細胞のラベルフリー分離・回収技術の創製
- フィールドワーク方法論の体系化―データの取得・管理・分析・流通に関する研究―

すごくシンプルで、これをしたい！　というのがダイレクトに伝わってきます。あまり文字数を多くせずいいたいことだけをズバッというのがポイントです。「〜の解明」「〜の研究」などを省略して体言止めで書かれることも多いです。

「展望のみ」型（全体の約2%）

「私の目指す最終的なゴールはここですよ！　そこに至る方法や本研究で何をするかの具体的なところは本文に書いてあるので読んでね」というパターン。

- 「ボカシの文化」にメスを入れる
- モンゴル帝国成立基盤の解明を目指した考古学的研究
- ウナギ人工種苗の大量生産技術の完成を目指す実戦的研究
- 政治理論のパラダイム転換 -21世紀の新しい理論構築にむけて
- バイオCMOSテクノロジーの創成
- 開発途上国の教員養成大学大学院設置実現に向けての学術調査研究

本研究で何をするのかを明示していないために、課題名をみても研究内容を想像しにくい可能性があります。「目的のみ」の派生パターンともとらえられますが、さらに将来のことですので不確実性は高く、こうした課題名の頻度がグッと低くなっていることも納得です。

キーワードのみ示す「無色」型（全体の約 3%）

「すべては本文で説明するので、キーワードのおもしろさだけを伝えたい」というパターン。

- 心の自立性の発生
- 大規模災害と法
- 結び目理論研究
- 知的財産権と競争
- 固体中のディラック電子
- 境界のマネジメントと日本企業のイノベーション

キーワードだけなので、短い課題名が多く、また、副題を持つパターンと組み合わせて採用されることも多い印象です。研究対象のおもしろさだけを全面に打ち出したパターンです。

珍しいその他のタイプ（いずれも 1%未満）

問いかけ

- 福島の森林より放射性物質は今後も流出するのか？
- 初期地球の沈み込み帯浅部は生命誕生の場となりえたか？

全体カギ括弧

- 「インド哲学諸派における＜存在＞をめぐる議論の解明」

「」や『』以外での強調

- 文学表現と＜記憶＞-ドイツ文学の場合
- 近現代世界の自画像形成に作用する《集合的記憶》の学際的研究
- 日本古典籍における【表記情報学】の基盤構築に関する研究

全角英数字

- ＦＳＴＬ３－Ａｃｔｉｖｉｎ系による肥満糖尿病の病態調節機構の解明と治療への応用

副題のさまざまなパターン

　副題を持つ課題名も全体の 10％程度で見られ、決して珍しくはありません。副題を区切る記号はさまざまですが、多くはコロン（:, ：）かダッシュ（–, —）で区切っています。ダッシュ記号はハイフンマイナス（-, －）、全角ハイフン（‐）、長音符（ー）、ホリゾンタルバー（―）など似た形の字で代用されることも多いです。

　副題を持つ課題名は、人文・社会科学系の申請書で多く見られます。

- 水田メタゲノミクス：持続的生産を支える土壌－根圏微生物とその機能の全貌解明
- 日本の発展途上国に対する理数科教育援助：教室レベル・インパクトの評価
- イオンチャネルの構造 - 機能ダイナミクス：ゲーティング構造変化の単一分子解析
- 地震はなぜ起こるのか？ - 地殻流体の真の役割の解明 -
- 脱合金によるナノポーラス金属材料触媒。分子変換における革新的手法
- 住環境指標による、RC 建築の耐震性能の新しい評価軸【提案と基礎データの収集】

研究課題名の長さ

　学振と科研費で課題名の文字数に関する文言は微妙に異なりますが、いずれも全角を含む場合は 40 字以内と定められています。とくに課題名の文字数に制限がない場合でも、40 字前後が 1 つの基準となるでしょう。

「研究課題名」は具体的な研究内容を 40 字以内（記号、数字等も全角／半角にかかわらずすべて 1 字として数える）の和文で簡潔に入力してください。40 字を超えて入力することはできません。なお、「研究課題名」には、副題を入力しても差し支えありませんが、副題を含めて 40 字以内としてください。

参考　特別研究員申請書作成要領

全角文字を含む場合は 80 バイト（全角 40 字）まで、半角文字のみの場合は 200 バイト（半角 200 字）まで入力が可能である。入力に当たっては、全角文字は 1 文字 2 バイト、半角文字は 1 文字 1 バイトでカウントされる。濁点、半濁点はそれだけで独立して 1 字とはならないが、全角アルファベット、数字、記号等は全て 2 バイトとして数えられて表示される

参考　科研費　研究計画調書　作成・入力要領

では、40字以内という制限のなかで課題名の長さはどのようになっているのでしょうか。一般的には「長すぎる課題名は一読しても理解しにくく好ましくない」とされていますが、実際のところはどうなのでしょうか。

　2017～2022年に採択された基盤A（約3,600件）の課題名を調べたところ、図1.9のようになり、ほとんどの研究課題で文字数制限のギリギリである40字弱の課題名を採用していることがわかりました。

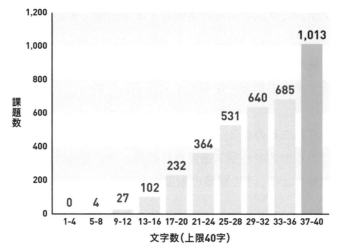

図1.9　2017-2022年に採択された基盤Aの課題名の文字数
基盤A採択者がつけた課題名は文字数制限ギリギリの40字近くがもっとも多い

　長すぎる課題名はよくないといわれたりもしますが、実際に採択された基盤Aの課題名を見る限りでは、なるべく言葉を尽くして丁寧に伝える方がよいようです。

研究課題名を考えるときの注意点

　研究課題名だけで採否が決まることはありませんが、一般論としては以下のような点に注意するとよいでしょう。

難読語、曖昧な表現、自明でない略語を使わない

> **NG** グローバルな価値創造活動を齎す国際拠点間の関係性の効果に関するQUAP研究

のように、長く、何をしたいのかよくわからない課題名は採択に有利には働きません。また、「齎す（もたらす）」のような明らかに普段づかいではない漢字や、「QUAP」のように自明でない略号表記も読みにくくするだけでメリットはありません。

　課題名に限らず、申請書の一番の目的は、**相手に読んでもらい、理解してもらい、**

評価してもらうことです。やりたいことが相手に伝わらないと、評価されるかどうかのスタートラインにすら立てません （図 2.1 参照）。

　超大型予算の申請書では、あえて耳馴染みのない単語や表現を用いることで、新規性とインパクトを打ち出す、という高度なテクニックがしばしば用いられます。「よくわからないけど、なんだかすごそう」というアレです。しかし、通常の申請書では、こうしたテクニックは不要であるばかりか、伝わらず評価されないという点で不利に働きます。まずはシンプルにわかりやすく相手に伝えるという基本に従って研究課題名を設定してください。

研究の内容や特徴を課題名に反映させる

> **NG** がん治療薬の開発

> **NG** シェークスピア研究

　このように、特徴のない研究課題名だと、あなたの研究がどういったものであるか、多くの他の研究とどう違っていてどこが新しいのかを予想できません。申請書を読み進めれば、こうした疑問に対する答えは書いてあるのかもしれませんが、言い換えれば、読まない限りはわからないということです。審査員からすると「よくわからないまま読む」という余分な手間がかかるうえに、凡庸な印象から読み始めることになりますので、有利な評価は得にくくなります。

さらに読みたいという興味を掻き立てるような魅力的なものにする

　審査員や資金の出し手（とくに出資者が審査員も兼ねるような民間財団などの場合）は、社会に影響を与える研究や科学を前進させる研究に資金を出して応援したいと考えています。研究課題名は、あなたの研究がまさにそのようなものであることを審査員に伝える最初のチャンスです。研究計画をもっと読んでみたいと思わせることができれば、高い評価を得る可能性は高まるでしょう。これも先と同じく研究の内容がわかるような課題名にすること、さらに、扱っている内容が多くの人や重要なことに関わりうるものであることが伝わるように書くと効果的でしょう。

> **NG** 新規構造のネジの開発

> **OK** 高速鉄道の激しい振動条件下でも決して緩まない新規構造のネジの開発

第2章

何を・どこに書くか

2.1 節 申請書の原則

#科研費のコツ **11** 伝えてからがスタートライン

#科研費のコツ **12** 理解してもらううえで必須の情報は何かを考える

#科研費のコツ **13** 申請書は論文とは違うのです

#科研費のコツ **14** 科学的な文章であっても、まとまった「お話」です

#科研費のコツ **15** 申請書にはストーリーが必要だ

#科研費のコツ **16** デルブリュックの教えを思い出そう

　申請書が採択に至るまでには多くの関門があります。本書を手にしているということは、最初の関門である「申請書の提出」についてはモチベーション十分と考えてよいでしょう。しかし、申請者を提出した後にも、「申請書を読んでもらう」「申請者が伝えたいことを審査員に正しく伝え、内容を理解してもらう」といった関門があり、それらを通過して初めて「申請書の価値を認めてもらう」という最終関門にたどりつけます。

　たとえどんなに素晴らしい研究であっても、審査員に伝わらなければ書いていないのと同じです。申請書の審査は相対的なものですから、最終段階で他との兼ね合いで不採択になるのはしょうがないとしても、何がどこに書いてあるのかわからない、読んでもわからない、といった理由での不採択はもったいないです。

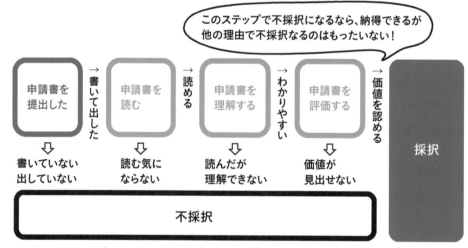

図 2.1　申請書の評価には複数の関門が存在する

とくに非専門家が審査する申請書においては、「わかりやすい」文章であることが第一に求められます。では、わかりやすい文章とはどんな文章でしょうか？

誰に向けての文章なのかを明確にする

具体的な読者を想定せずに文章を書き始めると、説明が足りなかったり、冗長だったりして、わかりにくくなります。新聞やブログのように読者がどれくらいの知識を持っているか予想しにくい場合とは異なり、審査員像はかなり具体的に想定することが可能です。審査は研究者が担当することがほとんどですし、過去の審査員が公開されている場合も多いですから、どんな人たちが審査員なのか、知識レベルはどれくらいなのかについては事前に調べておきましょう。

ほとんどの場合、審査員はあなたの研究分野の専門家ではありませんが、きちんと説明されれば理解することが可能な経験を積んだベテラン科学者です。そうした審査員に向けて申請書を書く際には「デルブリュックの教え」を胸に刻みましょう。

ひとつ。聴衆（審査員）は完全に無知であると思え。
ひとつ。聴衆（審査員）は高度な知性を持つと想定せよ。

専門分野に関する説明は丁寧に、ただし余計な情報を詰め込みすぎないようにし、科学者であれば知っていると想定できることの説明はシンプルに、が基本です。

審査員の目線に立ったシンプルな内容である

論文を読むときと申請書を読むときの違いを考えてみましょう。

論文を読むときは、

- 自分が興味を持っている分野の論文を、自分で探し、自分の意思で読み始める
- 多少読みづらくても、興味があるので頑張って読もうとする
- 多少ごちゃごちゃしても、知りたい情報が網羅されている方がありがたいし、詳しければ詳しいほど嬉しい

申請書を読むときは、

- 自分の専門とは異なり、とくに興味がある分野でもない申請書が仕事として割り当てられる
- とくに興味があるわけでもないので、細かな内容について積極的に知りたいとは思わない
- 申請書を評価することが目的であるため、要点は整理して書いておいて欲しいし、必要最小限の情報にして欲しい

申請書は、あなたが伝えたいことを審査員に一方的に伝えるために書くためのものではなく、審査員に申請書の内容を理解してもらい、正しく評価してもらうために書くものです。審査員は、仕事としてしぶしぶ申請書を読んでいるため、そもそも研究の詳細な内容を知りたいとは考えていませんし、たとえ説明があったとしても専門分野外の内容を十分には理解できません。

　審査員としては、申請内容をおおよそ理解し、審査できればそれで十分ですので、評価に必要となる最低限の情報だけを知りたいと考えています。それ以上の情報は審査員にとっては不要であるばかりか、審査員をかえって混乱させ、何が重要なのかを見失わせ、読む気を削ぎます。また、理解できないものについては評価できませんので、どうしても厳しい評価になってしまいます。一方で、**内容がシンプルであれば理解しやすくなり、理解できたものに対して初めて適切な評価がなされます。**

　同じ理由で、審査員を教育しようとして詳しすぎる説明をするのも逆効果です。審査員には知りたいというモチベーションはありません。また、難しいことを書くことで研究内容を高尚なものに見せようとするものも見かけますが、こうした戦略もほとんどの場合は逆効果です。

文章構成が明快である

　物語には起承転結などの「型」があり、論文にも序論（Introduction）–方法（Methods）–結果（Results）–考察（Discussion）のような「型」があります。こうした「型」に沿った文章は、何がどこに書いてあるのか（何をどこに書くべきか）がわかりやすいという点で、書き手・読み手の両者にとってメリットがあります。

　申請書にも「型」は存在しており、学振や科研費などでは何をどこに書くべきかが注意書きとして指示されています。研究費の種目によって順序は前後しますが、書くべき内容はどの申請書でもほとんど同じです。

　この申請書の「型」さえ理解してしまえば、素早くそれなりのレベルで申請書を書けるようになるのですが、「独自性」や「着想の経緯」、「学術的『問い』」などは何を書いてよいのかがわかりにくく、慣れない人は苦労しているようです。何を書くかを明確にしないまま書き始め、気づけば同じような内容が繰り返しになってしまい、せっかくの「型」が崩れてわかりにくくなっている申請書をたくさん見てきました。各項目で**聞かれていることだけ**に**明快に答える**ことを強く意識してください。

2.2 節　申請書の要素と構成

#科研費のコツ 17 申請書の要素と構成

　研究内容がさまざまであるように、申請書の内容もさまざまです。しかし、この事実をもって、あなたが「申請書には明快なルールなどない」とか「科学的に正確でさえあれば、どのような書き方をしても理解してもらえるはずだ」と考えているのであれば、それはもったいないです。なぜなら、**申請書の要素や構成を理解せずに説得力のある申請書を書くことはかなり難しく**、経験やセンスが必要になります。

　本書は、まさに申請書における要素（何を）と構成（どこに書くか）を扱っており、これらは型紙や下書き、定理のようなものです。そうしたある種のテンプレートに従うことで、本当に大切な研究計画を考えることに時間を使うことができます。

申請書の要素

　申請書における「要素」とは、背景・重要性、独自性・妥当性、研究目的、研究計画など、特定の役割を持って書かれた文章のひとかたまりを意味します。背景に研究計画を書いたり、あちこちで独自性を書いたりしてはいけません。基本的には、1つの要素に他の要素を混ぜてはいけません。聞かれていることにズバッと答えてください。

　本書では申請書を構成する 11 の要素を設定しています。また、これらの要素の一部は異なる切り口で繰り返して問われますので、本書では、要素とは別に申請書で求められる 15 の項目を設定しています。項目はビルの 1 階、2 階のような単位であり、1 階にも 2 階にも営業課があり、3 階には複数の課がある、というように必ずしも要素とは対応していません（図 2.2）。

　本書では、実用性を重視し、申請書で求められる（A）〜（O）の 15 の項目に沿って解説しますが、申請書のそれぞれの機能を考える時に本当に重要なのは（1）〜（11）の要素です。まずは、どういった内容が求められているのかを理解しておいてください。

(1) 概要

　研究内容や要素の一部を事前に提示しておくことで、本文への導入をスムーズにします。審査員によっては、申請書を真面目に読むかどうかを決めるための判断材料にしている場合もあるでしょう。人の第一印象が最初の数秒で決まるといわれているように、申請書の第一印象も概要で決まってしまいます。

図 2.2　申請書における 11 の要素と 15 の項目

(2) 背景・重要性

　本研究で扱う分野や基本的な概念など、審査員が申請書を読んで評価するうえで知っておいて欲しい背景や前提知識、用語の定義などを説明します。とくに、**申請書におけるキーワード**については、背景で絶対に説明しておく必要があります。

　また、今回扱う**研究分野がなぜ重要だといえるのか**についての説明も必要です。その際に「他の研究分野よりも重要だ」と主張してしまうと、いたずらに敵を増やしてしまうので、「本研究も重要だ」または「（他はいざ知らず）本研究は重要だ」といえればそれで十分です。

(3) 少し前の状況

　背景で説明したことに関連して、これまでどのような研究がなされ、何が示されているのか、何がいわれているのかを説明します。ここまでが、**申請者が事実と考えていることの説明**であり、本研究計画を実施するうえでの前提条件の確認です。

(4) きっかけ

　誰も何も困っておらず、これ以上の改善・向上の余地がないと考えているのであれば、研究する必要性はありません。

　いまある問題を解決する「問題解決型」では、具体的な問題のせいで、何かがで

きない、理解が妨げられている、不利である、など**何かしらの弊害が顕在化して困っている**ことが研究のきっかけです。

いまある世界をさらに良くする「価値創造型」では、**新たな価値をもたらす新技術の開発や普及、機運の醸成につながるイベント、社会情勢の変化など**が研究のきっかけです。

(5) 独自性・妥当性

どういった理由・根拠でこの研究は独自なのか、または妥当であるのかを明確にしたうえで、きっかけに対してどうすればよいと考えたのかを書きます。単にこれまで研究されていないからではなく、**無限に考えられるアイデアのなかで、なぜそれがもっとも【筋が良い／勝ち目がある／妥当だ／貴重な時間と資源を投入してもよい／真っ先に試すべき】と考えられるのか、どこに申請者の工夫やアイデアがあるのか**を書きます。

(6) 現在の状況

申請者が提案する独自のアイデアに関連して何がなされてきたのか、何が示されてきたのかを書きます。ここで書く内容は本研究に関する最前線であり、本研究を通じて真偽の検証や改善・改良などのためのスタート地点です。そのため、**申請者がさらに【議論／改善／開拓／研究】する余地があると考えている内容**を書くようにします。「少し前の状況」で書く内容との違いに注意してください。

(7) 研究目的

「どうするか（方法・手順）」だけではなく**「本研究で何を明らかにするか」、「何を示すか」**を書きます。時々何をするかだけを目的に書いている方を見ますが、方法や手順は目的を達成するための手段であり目的そのものではありません。手段は研究計画で書くべき内容です。

さらに、**メイン目的とは別にサブ目的をもう1つ書いておく**と難易度の調整がしやすく、バランスが良くなります。多すぎる目的は研究範囲が絞りきれていない証拠ですので、サブ目的はせいぜい1つです。

(8) 研究計画

研究目的をどのように実行するかについて、主に**研究の方向性と研究のゴールを中心に書きます**。本研究が現実的な研究計画であることを審査員に理解してもらうために、ある程度は何をどうするかについて記述する必要はありますが、研究手順の細かな部分までを具体的に書いても分野外の審査員は理解できず、伝わりません。論文における「材料と方法（Materials & Methods）」のようなものを書くのでは

なく、**どのようなアプローチで目的を達成しようとしているのか、そのアプローチを採用する根拠はどこにあるのか、そして、どうなればこの研究がうまくいったと判断するつもりなのか**を明らかにする必要があります。

　また、研究は予想通りにいかないことの方が多いので、すべてが成功する前提での計画は危険です。審査員も当然、そうした点を気にしながら読むので、**うまくいかない場合にはどうするつもりか**についての回答をあらかじめ書いておきます。

（9）未来の状況

　いわゆる**展望**であり、この研究が完成したらどのような良い世界になるのか、を説明するパートです。科研費では創造性という名称です。

　ここで書く内容は「少し前の状況」や「現在の状況」との対比であり、「不便だった → 便利になるだろう」など、本研究により現状と理想のギャップを埋めることが可能であることを示し、だから本研究は重要であり、必要であると主張します。

（10）研究の適切性

　どんなに素晴らしい研究計画であっても、適切な方法・環境で研究が行われていなければ研究費を支給することはできません。「研究の適切性」では、そうした懸念に対して、**本研究は適切な体制・環境で遂行される**ことを宣言します。形式的な記述になりがちなので他の申請者と大きく差がつく場所ではありませんが、つまらない失点を防ぐためにもしっかりと書いておきましょう。

（11）申請者の優位性

　採否は他の候補者との比較のなかで決まりますので、研究内容が良いだけでは不十分で、申請者が高い研究遂行能力を有していることも重要な条件です。「申請者の優位性」では、**なぜ他の候補者ではなく申請者を採択すべきなのか**について書き、審査員を説得します。

申請書の構成

　申請書は小説と似ています。あなたの目的は自分の本を売ってお金（研究費）を稼ぐことであり、最低限のルールの遵守や意味のあるものであることは出版の最低条件です（研究の適切性）。そのうえで、おもしろい物語（研究内容）を書く必要があります。さらに、著者がしっかりした経歴の持ち主であることを示す著者プロフィール（申請者の優位性）や、適切なあらすじ（概要）があれば、手に取ってくれる読者は増えることでしょう。さらに、美しい装丁や挿絵（申請書のデザイン）は小説の魅力を何倍にもしてくれるので、おろそかにしてはいけません（表2.1）。

表 2.1　申請書の構成

申請書	小説	役割
要素 (1)｜概要	あらすじ	読む気にさせる
要素 (2)-(9)｜研究内容	メインとなる物語	もっとも書きたいこと
要素 (10)｜研究の適切性	最低限の出版ルール	要件を満たしている
要素 (11)｜申請者の優位性	著者プロフィール	PR
申請書のデザイン	装丁・挿絵	魅力的にする

　小説の内容も背景、問題の発生、主人公の成長、など特定の役割をもった要素に分けることができます。こうした要素を正しく機能させるためには、要素をどのように組み合わせ、どこにどの要素を配置するのかという構成が重要になってきます。

申請書の砂時計構造

　申請書の物語部分は、しばしば砂時計に例えられます（図 2.3）。

- 一般的な背景から書き始めて徐々に話題を限定し、もっとも具体的な目的に向かう
- 目的以降では、話を徐々に一般化して、他の研究や社会に対する影響を書いて終わる

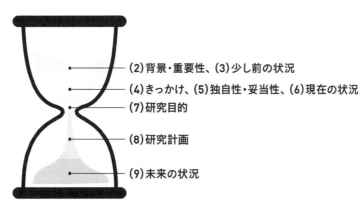

図 2.3　申請書では、背景から研究目的に向けて話を具体的にし、
研究計画を経て未来の状況に向けて話を一般化する

　すなわち、「(2) 背景・重要性」から「(6) 現在の状況」までが砂時計の上半分、「(7) 研究目的」を境界として、「(8) 研究計画」「(9) 未来の状況」が砂時計の下半分です。論文では砂時計の下半分に結果、結論、考察を書きますが、申請書ではまだ結果がでていないので、代わりに「(8) 研究計画」と「(9) 未来の状況」（展望）を書きます。

申請書の物語の前半部のうち、「(2) 背景・重要性」と「(3) 少し前の状況」は、申請書を理解するための前提や現状を説明する前振りです。「(4) きっかけ」により研究するきっかけ、必要性が示され、その後、研究の「(5) 独自性・妥当性」とそのアイデアの結果を「(6) 現在の状況」としてまとめます。

「(4) きっかけ」から「(6) 現在の状況」までは、基本的にはひとまとまりのセットです。何かしらの問題を解決する問題解決型であれば、問題があり、それを解決できるかもしれないアイデアを思い付き、そのアイデアに関連してこんなことがわかっている、という構成です。新たな価値を提示する価値創造型であれば、あるきっかけを機に、さらにこうすればこんな価値が新たに提供できるだろうと考え、だから本研究でそれを推し進める、となります。

「(7) 研究目的」より後が研究計画の後半部です。目的を達成するための具体的な「(8) 研究計画」が示され、それがうまくいかない場合にはどうするのか、どれくらいうまくいきそうなのか、それらの準備状況はどうなっているのか、を説明することで、この研究の実現可能性が高いことを示すという構成です。

図2.4 申請書の物語の前半部

最後に、この研究が完成したらどうなるかを説明します。研究の完成により「(9) 未来の状況」はどのように変化すると考えられるのか、どんな素晴らしい世界になりえるのか、を語り希望とともに申請書の物語は終わります。

この「(9) 未来の状況」は「(3) 少し前の状況」や「(6) 現在の状況」との対比であり、過去または現在よりもよくなる未来を提示する必要があります。申請書の物語はハッピーエンドしかありません。

図 2.5　申請書の物語の後半部

どのように話を膨らませるか

短い申請書であればここで紹介した、物語パートの前半は、「(2) 背景・重要性」→「(3) 少し前の状況」→「(4) きっかけ」→「(5) 独自性・妥当性」→「(6) 現在の状況」→「(7) 研究目的」という基本的な構成で十分でしょう。

要素	問題解決型
(2) 背景・重要性	問題が起きる前振り
(3) 少し前の状況	何がわかっていたか
(4) きっかけ	問題に遭遇
(5) 独自性・妥当性	問題解決のアイデア
(6) 現在の状況	アイデア後の状況
(7) 研究目的	何を明らかにするのか

（「(4) きっかけ」〜「(6) 現在の状況」が「1 回目」）

図 2.6　申請書の物語の前半部のもっとも単純な構成

しかし、申請書の分量や内容によっては、このシンプルな構成では少し短かったり、単純すぎたりする場合があります。では、もっと長く複雑な内容を伝えたい場合にはどうしたらよいのでしょうか？　個々の要素をより詳しく書くことも答えの1つですが、話のテンポが悪くなるため、審査員に対して魅力的に映るか？　と問われると微妙なケースもありそうです。

申請書の話題を前に進めながらも話を膨らませるにはもっと良い方法があり、たとえば図 2.7 のように要素を追加する方法があります（2 段構えの法則）。

「(4) きっかけ」で問題に遭遇し、これまでに「(5) 独自性・妥当性」に基づき色々と研究された結果、「(6) 少し前の状況」に示すように、ある点については理解が進んだが、まだ重要なのに明らかにされていない点も残されていた。この

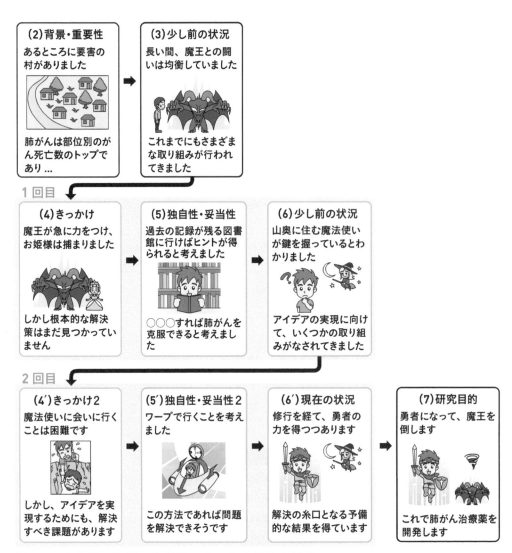

(2)背景・重要性

あるところに要害の村がありました

肺がんは部位別のがん死亡数のトップであり…

(3)少し前の状況

長い間、魔王との闘いは均衡していました

これまでにもさまざまな取り組みが行われてきました

1回目

(4)きっかけ

魔王が急に力をつけ、お姫様は捕まりました

しかし根本的な解決策はまだ見つかっていません

(5)独自性・妥当性

過去の記録が残る図書館に行けばヒントが得られると考えました

○○○すれば肺がんを克服できると考えました

(6)少し前の状況

山奥に住む魔法使いが鍵を握っているとわかりました

アイデアの実現に向けて、いくつかの取り組みがなされてきました

2回目

(4′)きっかけ2

魔法使いに会いに行くことは困難です

しかし、アイデアを実現するためにも、解決すべき課題があります

(5′)独自性・妥当性2

ワープで行くことを考えました

この方法であれば問題を解決できそうです

(6′)現在の状況

修行を経て、勇者の力を得つつあります

解決の糸口となる予備的な結果を得ています

(7)研究目的

勇者になって、魔王を倒します

これで肺がん治療薬を開発します

図2.7　申請書の物語の前半部のもっとも単純な構成

「(4′) きっかけ2」に対して、申請者の「(5′) 独自性・妥当性2」のあるアイデアにより、この未解決問題を解決できる（かもしれない）。すでに、このアイデアに基づき「(6′) 現在の状況」としてこんなことがなされている。だから、本研究ではこれを「(7) 研究目的」とするのだ。という構成です。

　このパターンでは、問題は一筋縄では解決せず、1つ解決したと思ったら別の問題が浮上し、すんなりと研究目的にはたどり着けません。もういちど「(4′) きっかけ2」「(5′) 独自性・妥当性2」「(6′) 現在の状況」が同じ順番で繰り返されていることに着目してください。

　こうしたパターンでは、最後に登場する「きっかけ2」の直前までを「背景」と「少し前の状況」とみなせば、結局は最初に示したシンプルなパターンの変形であることがわかります。こうやって、要素のセットを追加することで、きっかけは

アップデートされ続け、常に最新の問題やきっかけが示され続けます。「(7) 研究目的」が宣言されない限り、この「きっかけ」と「独自性・妥当性」、「{少し前、現在} の状況」、は何度でも繰り返すことができます。ただし、申請書の分量から考えると現実的には2回の繰り返しで十分で、それ以上はありません。

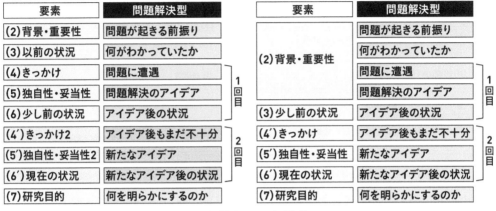

図 2.8　申請書の物語の前半部を 2 段構えにした構成

こうした繰り返しのパターンは直列以外にも入れ子や並列などがありますが、要素の繰り返しという点では同じです。また、研究計画も考え方は同じで、「計画」「うまくいかない場合の対応」をいくつか付け足す形で計画を複雑にすることができます。このように、新しい要素を足すことで申請書の内容を膨らませるのではなく、要素を繰り返すことで十分対応できます。

なにどこ早見表

科研費と学振を含む主要な申請書の何をどこに書くのかの早見表です。AMED は様式がバラバラなので割愛していますが、要素はほとんど同じであることがわかるかと思います。

表 2.2　何どこ早見表

学振（DC、PD、海外学振他）

研究の位置づけ	(B) 当該分野の状況や課題等の背景
	(C) 本研究の着想に至った経緯、研究の位置づけ
研究目的・内容等	(E) 研究目的
	(F) 研究方法、研究内容、どのような計画で、何を、ど…
	(D) 研究の特色・独創的な点
	(H) 申請者が担当する部分
	(F) (L) 受入研究機関と異なる研究機関において研究…
選定理由	(L) 受入研究室の選定理由（学振 PD）外国で研究することの意義（海外学振）
その他	(K) 人権の保護及び法令等の遵守への対応
	(M) (N) 研究遂行力の自己分析
	(N) 目指す研究者像
	(O) 評価書

科研費　基盤・若手・新学術・学術変革・研究活動スタート

研究目的、研究方法など	(A) 概要
	(B) 学術的背景　研究課題の核心をなす学術的「問い」
	(E) 本研究の目的
	(D) 学術的独自性
	(I) 創造性
	(C) 本研究の着想に至った経緯
	(C) 関連する国内外の研究動向と本研究の位置づけ
	(F) 何をどのように、どこまで明らかにしようとするのか
	(C) どのような点で当該研究領域の推進に貢献…
	(G) 本研究の目的を達成するための準備状況
	(H) 研究代表者、研究分担者の具体的な役割
応募者の研究遂行能力及び研究環境	(M) これまでの研究活動
	(J) 研究環境（研究遂行に必要な研究施設・設備…
その他	(K) 人権の保護及び法令等の遵守への対応

科研費　挑戦的研究（開拓）　挑戦的研究（萌芽）

研究計画調書の概要	(A) (B) (F) 研究目的及び研究方法
	(A) (C) 挑戦的な研究としての意義（応募する理由）
	(A) (M) 応募者の研究遂行能力
応募者の研究目的及び研究遂行方法、研究遂行能力	(E) 本研究の目的
	(F) (H) 研究目的を達成するための研究方法
	(J) 研究施設・設備・研究資料等現在の研究環境の状況
	(M) これまでの研究活動
挑戦的な研究としての意義	(C) 研究構想に至った背景と経緯
	(C) 構想が挑戦的研究としてどのような意義を有するか
その他	(K) 人権の保護及び法令等の遵守への対応

JSTさきがけ

要旨・業績	(A) 要旨
	(M) 研究提案者の主要業績
研究構想	(B) (E) 研究の背景・目的
	(E) 研究期間内の達成目標
	(F) 研究計画と進め方
	(C) (D) 国内外の類似研究との比較、および研究の独創性・新規性
	(I) 研究の将来展望
その他	(F) 研究のスケジュール
	(M) 業績リスト・過去の研究代表実績
	(K) 人権の保護及び法令等の遵守への対応

A 概要・要旨

#科研費のコツ **18** 科研費の概要は10行程度

「概要・要旨」に迷ったらこう書こう

「概要・要旨」を言い換えると……あらすじ、ネタバレ（予告編ではない）、本文を真面目に読むかどうかの試金石

具体例

（概要）

音楽や自然音、人の声などは脳に伝わり、音に関する記憶や感情と結びつけられる。これまでに、申請者らの研究を含め、音によって引き起こされる感情体験は音の周波数、音量、音色などの要素によって異なる影響を受けることが示されている。しかし、脳内でどのように処理されているかについては、適切な解析技術が無いことが障壁となり理解が遅れていた。これに対して申請者は、深層学習の進展と機能的磁気共鳴画像法（fMRI）の解像度の向上を含むいくつかの技術革新を組み合わせることで、この障壁を乗り越えられると着想した。

| | (2)背景・重要性 |
| (3)少し前の状況 |
| (4)きっかけ |
| (5)独自性・妥当性 |

そこで本研究では、音による感情形成と認知のメカニズムを神経科学の立場から明らかにすることを目的とする。具体的には、fMRIを用いて、音楽フレーズや声の表現がどのように感情的な意味を持つようになるのかを健常な成人および新生児を対象に解析し、音が感情形成に与える影響を神経科学的な観点から明らかにする。これらの知見は、音響技術や音楽療法、コミュニケーションの向上など、さまざまな分野での応用につながると期待される。

| (7)研究目的 |
| (8)研究計画 |
| (9)未来の状況 |

（概要）

糖尿病によって引き起こされる合併症の一つである糖尿病性神経障害は、手足の感覚異常や痛み、潰瘍を伴い、重度の場合には切断などの深刻な後遺症を引き起こすことで、患者のQOLを大きく低下させる。糖尿病性神経障害の診断には、症状が進行してから行われる神経学的な検査が一般的に用いられているが、糖尿病性神経障害を早期に検出することは難しく手遅れになることも多く、糖尿病性神経障害の超早期診断マーカーが必要とされている。そこで本研究では、糖尿病モデルラットの発症前段階において、血漿中のタンパク質の量的・質的変動をプロテオミクス解析および翻訳後修飾の網羅的解析法を用いて明らかにし、新しい分子マーカーを同定するこ

| (2)背景・重要性 |
| (4)きっかけ |
| (7)研究目的 |

とを目的とする。この研究は、糖尿病性神経障害の早期検出に貢献
するだけでなく、病気の発症・進行機序の解明につながり、糖尿病
の予防や治療に役立つと期待される。

(9)未来の状況

一般化例（フルセット）

　○○○は○○○である(2、背景・重要性)。これまでの研究では、○○○は○○○
であることが示されている(3、少し前の状況)。しかし、○○○は○○○されておらず、
○○○という点で問題であった(4、きっかけ)。これに対して申請者は、○○○では
○○○であることから、○○○することで○○○を○○○できると着想した(5、独
自性・妥当性)（すでに申請者は、○○○は○○○であることを確認している(6、現在
の状況)）。

　そこで本研究では、○○○を○○○することで、○○○を明らかにすることを目
的とする(7、研究目的)。具体的には、○○○を用いて、○○○を○○○し、○○○
を明らかにする(8、研究計画)（さらに、○○○により、○○○することを目指す(7、
サブ目的)）。本研究により、○○○は○○○になると期待される(9、未来の状況)。

科研費｜基盤（C）

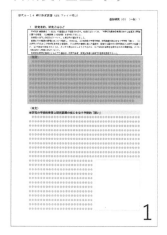

該当する項目：研究目的、研究方法など（1ページ
目）

分量：10行程度

　科研費の概要は**「10行程度」**という指示があり、
12〜13行程度までは許容範囲だが、それを超える
と書きすぎ。

要素：(2) 背景・重要性、(3) 少し前の状況、(4)
きっかけ、(5) 独自性・妥当性、(6) 現在の状況、
(7) 研究目的、(8) 研究計画、(9) 未来の状況

　書くべき内容が多く、個々の要素は1〜2行くら
いずつしか書けないので、大胆なデフォルメが必要。

科研費｜挑戦的研究（萌芽）

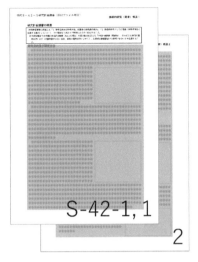

S-42-1, 1

該当する項目：研究計画調書の概要（S-41-1、1、2）

分量：2ページ以内

　目的及び方法（1ページ。ページの切れ目で終わると美しい）、遂行能力（0.4ページ）、挑戦的研究としての意義（0.6ページ）

要素：(2) 背景・重要性、(3) 少し前の状況、(4) きっかけ、(5) 独自性・妥当性、(6) 現在の状況、(7) 研究目的、(8) 研究計画、(10) 研究の適切性、(11) 申請者の優位性

　具体的に指定された内容のまとめを書く。第一段階の書面審査では、この2ページしか審査対象にならないので、ここだけを読んで理解できるようにする。

「概要・要旨」の要素

　科研費における研究概要には、本文における背景、目的、研究計画までの広い範囲を含みます。書くべき内容が多いため、以下の要素のすべてについて書くのではなく、取捨選択する必要があります。細かい研究内容などについては書きすぎないようにしてください。

　研究費の種類によっては概要といいつつも書くべき内容が具体的に指定されており、申請書全体というよりは特定の要素について概要を書くケースもあります。科研費の概要には（2）〜（9）についての概要を書くようにしましょう。

(2) 背景・重要性｜本研究計画を審査するうえで、最低限必要な知識は何か

- 研究分野の一般的な背景や事実、用語の定義（研究分野の背景）
- 研究分野の重要性（研究の重要性）

(3) 少し前の状況｜これまでにどういった研究が行われてきたか

- 本研究課題に関連した、より詳細な背景（研究課題の背景）
- これまでにどのような研究が行われ、どのようなことがいわれてきたのか（他人の貢献）
- これまで申請者（ら）はどのような研究をし、何を示してきたか（自分の貢献）

(4) きっかけ｜何が未解決のままなのか？　何が起こった（起こっている）のか

- どのような問題があり、どのように困っているのか（問題提起と弊害）
- どのような状況の変化があったのか（状況変化）

- どのような技術や視点が欠けていたのか（未解決・未実施であった理由）

(5) 独自性・妥当性｜どうすればこの問題を解決できると考えたのか

- どうすれば、問題を解決できると考えているのか、新しい価値を創造できると考えているのか（研究のアイデア）
- どういった報告や結果から本研究のアイデアを思いついたか（着想の経緯）
- このアイデアが他のものより良さそう（うまくいきそう）と考える根拠はあるか（妥当性）

(6) 現在の状況｜アイデアに基づき、これまでにどういった研究が行われたか

- このアイデアに基づいたこれまでの研究成果（他人の成果）
- このアイデアに基づいたこれまでの研究成果（自分の成果）

(7) 研究目的｜本研究では何を示すのか

- どのような方針で研究を進めるつもりか（研究方針）
- もっとも重要な研究目的は何か（メイン目的）
- ついでに明らかにできることは何か（サブ目的）

(8) 研究計画｜具体的に何をどうするのか

- 何を目的に研究するのか（個別研究計画の目的）
- 具体的に何をどうするつもりか（計画）
- うまくいかない場合にはどうするのか（プランB）
- 予備データはあるか（予備データ）
- どうなればこの研究は成功したといえるのか（研究のゴール）

(9) 未来の状況｜この研究によってどうなると期待されるのか、展望

- この研究によって、当該研究分野にどのようなメリットがあるのか（学術的なインパクト）
- この研究によって、周辺関連分野にどのようなメリットがあるのか（技術・材料・考え方に対するインパクト）
- この研究によって、社会にどのようなメリットがあるのか（社会に対するインパクト）

「研究概要」の構成

科研費の場合は、

概要については、10 行程度で記述すること。

参考 別冊（応募書類の様式・記入要領）

とあるように、使えるスペースはたかだか 10 行程度（超過しても 12 ～ 13 行程度まで）です。上記の 8 項目のすべてについて書くのは分量的に難しいので、申請書のパターンごとに書く項目を取捨選択し、それぞれについて 1 ～ 2 行ずつ、コンパクトに書く必要があります。内容によって書き方はさまざまですので、無理にテンプレートに当てはめようとせず、全体の論の流れを見て適宜調節してください。

表 2.3　研究概要の構成

	(2) 背景・重要性	(3) 少し前の状況	(4) きっかけ	(5) 独自性・妥当性	(6) 現在の状況	(7) 研究目的	(8) 研究計画	(9) 未来の状況
最小セット	●		●			●		●
研究の重要性	●	●	●			●	▲	●
研究アイデア	●		●	●	●	●		●
研究の堅実性	●		●	▲		●	●	●
フルセット	●	●	●	●	▲	●	●	●

最小セット　(2) 背景・重要性、(4) きっかけ、(7) 研究目的、(9) 未来の状況

どのタイプであっても、背景、きっかけ、目的、未来の状況、は必須の要素です。一つひとつの文章を短くしづらい場合でも、最低限ここだけは押さえておきましょう。

問題解決型

○○○は○○○であり、○○○である(2、背景・重要性)。しかし、○○○の○○○についてはいまだに明らかにされておらず、○○○のままである(4、きっかけ)。そこで本研究では、○○○を○○○することで、○○○を明らかにすることを目的とする(7、研究目的)。これにより、○○○が○○○になると期待される(9、未来の状況)。

価値創造型

○○○は○○○であり、○○○である(2、背景・重要性)。近年の○○○により、

○○○を○○○することが可能となり、○○○になりつつある(4、きっかけ)。そこで本研究では、○○○を○○○することで新たに○○○を示し、これにより○○○を○○○することを目指す(7、研究目的)。これにより、○○○が○○○になると期待される(9、未来の状況)。

研究の重要性や経緯を詳しく （2）背景・重要性、（3）少し前の状況、（4）きっかけ、（7）研究目的、（9）未来の状況

　最小セットに詳しい背景を追加したうえで、これまでに他の研究者と申請者がこの研究分野に対してどのような貢献をしてきたかを書きます。「こんなに重要な研究分野で、こんなに進展があったのに、まだわかっていないことがある」ことを主張し、自身の研究の価値をアピールします。

問題解決型

　○○○は○○○である。なかでも○○○は○○○であり、○○○である(2、背景・重要性)。これまでの研究から、○○○の○○○については、○○○であることが示されており、申請者も○○○が○○○であることを明らかにしてきた(3、少し前の状況)。しかし、○○○が○○○であったことから、○○○の○○○は未解明のままである(4、きっかけ)。そこで本研究では、○○○を○○○することで、○○○を明らかにすることを目的とする(7、研究目的)。これにより、○○○が○○○になると期待される(9、未来の状況)。

価値創造型

　○○○は○○○である(2、背景・重要性)。これまでの研究から、○○○については、○○○であることが示されており(3、少し前の状況)、申請者も○○○が○○○であることを報告してきた(3、少し前の状況)。このように、○○○による○○○は○○○になりつつある(4、きっかけ)。そこで本研究では、○○○を○○○することで新たに○○○を示し、これにより○○○を○○○することを目指す(7、研究目的)。これにより、○○○が○○○になると期待される(9、未来の状況)。

研究アイデアや予備データを詳しく （2）背景・重要性、（4）きっかけ、（5）独自性・妥当性、（6）現在の状況、（7）研究目的、（9）未来の状況

　これまでの研究の問題点を指摘し、申請者ならその問題を解決するためのアイデアを持っていること、すでに予備的ながらそのアイデアの妥当性も確かめていることをアピールします。これまでとは異なる視点を導入するような研究の場合には書きやすいと思います。

問題解決型

　○○○は○○○である(2、背景・重要性)。しかし、○○○が○○○であるかは未解明のままであり、○○○の点で問題となっていた(4、きっかけ)。これに対して、○○○では○○○であることから、○○○を○○○することで、○○○できると着想した(5、独自性・妥当性)。すでに申請者は、○○○が○○○であることを確認している(6、現在の状況)。そこで本研究では、○○○を○○○することで、○○○を明らかにすることを目的とする(7、研究目的)。さらに、○○○によって、○○○することを目指す(7、サブ目的)。本研究により、○○○が○○○になると期待される(9、未来の状況)。

価値創造型

　○○○は○○○であり、○○○である(2、背景・重要性)。近年の○○○により、○○○の○○○が可能となり○○○になりつつある(4、きっかけ)。これに対して、○○○では○○○であることから(5独自性・妥当性)、○○○を○○○することで、○○○できると着想した(5、独自性・妥当性)。すでに申請者は、○○○は○○○であることを確認している(6、現在の状況)。そこで本研究では、○○○を○○○することで新たに○○○を示し、これにより○○○を○○○することを目指す(7、研究目的)。これにより、○○○が○○○になると期待される(9、未来の状況)。

研究計画の堅実性を詳しく　(2) 背景・重要性、(4) きっかけ、((5) 独自性・妥当性)、(7) 研究目的、(8) 研究計画、(9) 未来の状況

　研究内容に大きくスペースを割き、よく練られた研究計画であること、実現可能性が高いことをアピールします。すごく新しいアイデアではないが、他の人よりも早く・高いレベルで問題を解決できる場合には書きやすいでしょう。非常に多くの人がこのタイプを採用しています。ただし、研究計画の細かいところを説明しても、その意義や価値が専門家ではない審査員には伝わらない可能性もありますので、難しい書き方でもあります。

問題解決型

　○○○は○○○であり、なかでも○○○は○○○である(2、背景・重要性)。しかし、○○○の○○○は未解明のままである(4、きっかけ)（これに対して、○○○では○○○であることから、○○○を○○○することで、○○○できると着想した(5、独自性・妥当性)）。そこで本研究では、○○○を明らかにすることを目的とする(7、研究目的)。具体的には、○○○を○○○することで、○○○を測定する。さらに、○○○により、○○○の○○○についても○○○する(8、研究計画)。これにより、○○○における○○○の基盤を確立する(9、未来の状況)。

価値創造型

　○○○は○○○であり、○○○である(2、背景・重要性)。近年の○○○により、○○○の○○○が可能となり○○○になりつつある(4、きっかけ)（これに対して、○○○では○○○であることから、○○○を○○○することで、○○○できると着想した(5、独自性・妥当性)）。そこで本研究では、○○○を○○○することで、○○○の○○○を示すことを目指す(7、研究目的)。○○○を○○○するために○○○に関する○○○を確立するとともに、○○○による○○○の検証と○○○の解明に取り組む(8、研究計画)。これにより、○○○が○○○になると期待される(9、未来の状況)。

フルセット　(2) 背景・重要性、(3) 少し前の状況、(4) きっかけ、(5) 独自性・妥当性、((6) 現在の状況)、(7) 研究目的、(8) 研究計画、(9) 未来の状況

　概要・要旨には、とくに指示がなく全体の要約をそれなりの長さで書く場合があります。こうした1～2ページの概要・要旨は真っ先に読まれる部分であり、本文を真面目に読むかどうか、二次選考に残すかどうかを決めるために用いられます。そのため、概要・要旨だけから、

- ■　研究計画の概要
- ■　研究の意義・位置づけ
- ■　研究者の優位性

がある程度わかるように書くことが重要です。短い概要・要旨の中ですべてを伝えきる必要はなく、なんとなく良さそうだ・すごそうだ、が伝われば十分です。

問題解決型

　○○○は○○○である。なかでも○○○は○○○であり、○○○である(2、背景・重要性)。これまでの研究から、○○○の○○○については、○○○であることが示されており(3、少し前の状況)、申請者も○○○が○○○であることを報告してきた(3、少し前の状況)。しかし、○○○が○○○であるといった理由などから、○○○は未解明のままであった(4、きっかけ)。これに対して、○○○では○○○であることが報告されていることを利用すれば、○○○を○○○し、○○○できると着想した(5、独自性・妥当性)。実際、○○○では、○○○が○○○であることが報告されている(6、現在の状況)。そこで本研究では、○○○を○○○し、○○○を明らかにすることを目的とする(7、研究目的)。具体的には、○○○における○○○を測定することで、○○○を制御する○○○を同定する(8、研究計画)。さらに、○○○により、○○○することを目指す(7、研究目的)。本研究により、○○○が○○○になると期待される(9、未来の状況)。

価値創造型

　○○○は○○○であり、○○○である(2、背景・重要性)。近年の○○○により、○○○の○○○が可能となり○○○になりつつある(4、きっかけ)。これに対して、○○○では○○○であることから、○○○を○○○ することで、○○○を○○○できると着想した(5、独自性・妥当性)。申請者はこれまでに、○○○は○○○であることを確認してきており(6、現在の状況)、本研究では、○○○を○○○することで、○○○することを目指す(7、研究目的)。そこで本研究では、○○○を○○○するための○○○に関する○○○の確立と○○○による○○○の検証と○○○を行う(8、研究計画)。これにより、○○○が○○○になると期待される(9、未来の状況)。

B 背景と問い

「背景と問い」に迷ったらこう考えよう

■ 申請書の内容をおおよそ（8割程度）理解するために最低限必要となる情報は何か？

■ 修士課程の学生が、この申請書を読んで理解できるだろうか？

*基本的なことは知っているが、深い専門知識は持っていない者という意味

　「背景と問い」は、研究の細かい部分や、研究の独自性や研究計画など関係の低いものを、うっかり書いてしまいがちなパートです。しかし、非専門家である審査員は細かなことを知りたいと考えていませんし、説明されたところで完全に理解はできません。審査員にとっては、申請書のだいたいのところが理解でき、ある程度適切に評価できさえすれば十分です。

具体例

本研究の学術的背景と研究課題の核心をなす学術的「問い」

　ダイズは世界の主要農作物の1つであり、食料以外にも、加工食品、動物飼料、バイオ燃料、飼料、化粧品、薬品などの製造にも使用されている。ダイズの生産における新たな脅威の1つに真菌Fusariumvirguliformeによって引き起こされる突然死症候群（SDS）が挙げられる。土壌伝染性のこの病原菌は根に感染し、その後、葉脈間の白化と壊死を特徴とする葉の症状を引き起こす。感染により、早期落葉、さやの落下、最大で100%の収量低下を引き起こしている。これまでに、原因菌としてFusariumsolanif.sp.Glycines(Fv)が同定され、米国ではFvが唯一のSDS原因種であることが明らかにされてきた[Rupeetal.,1989]。申請者もFvTox1とFvNIS1という2つのタンパク質が葉面SDSの発生に重要な因子であることを明らかにしてきた[Suzukietal.,2022]。これらの研究により、SDSの原因となるFvや関連因子の種類や特性についてはかなり理解が深まっている。

　その一方で、これまではSDS発症後に病気を抑える方法について

(2-1)背景・重要性
研究分野の背景

(2-2)背景・重要性
研究分野の重要性

(3-2)少し前の状況
他人の貢献

集中的に研究されており、SDS発症前あるいはFv感染前にFvTox1やFvNIS1の機能を特異的に阻害する試みはなされてこなかった。そのため、その症状を引き起こすためにFvが採用しているメカニズムやそれに基づく防除方法は明らかにされていない。申請者らはすでに、C末端にGFPを付加したFvTox1（FvTox1-GFP）を発現する植物を用いて作出し、これらが機能的であることを確認しており、質量分析によりFvTox1-GFPと相互作用するタンパク質を27種同定している[未発表データ]。さらに、そのうちの一部の因子については植物の病害応答に関与することがすでに報告されている。こうしたことから、FvTox1と相互作用する因子の構造を詳細に解析し、それをもとにした人工的な相互作用因子を作成することでFvTox1の機能抑制を介してSDSの発症予防を実現できると考えた。

こうした状況から、「SDSに対して実効性のある解決策は何か？」という研究課題をの核心をなす学術的「問い」に対して、答えを出すための状況が整いつつある。

> **(4-1)きっかけ**
> 問題提起と弊害

> **(5-1)独自性・妥当性**
> 着想の経緯

> **(5-2)独自性・妥当性**
> 研究のアイデア

> **研究課題の核心を
> なす「問い」**

科研費｜基盤（C）

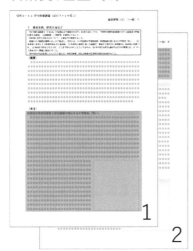

該当する項目：研究目的、研究方法など（1、2ページ目）

分量：若手／基盤Cの場合、1ページ目の終わりまで～2ページ目の1/3程度まで（約30行、1000字前後＋図）。ページ数が増えたとしても2ページ目の半分くらいまで。

要素：(2) 背景・重要性からはじまり、(3) 少し前の状況、(4) きっかけ、(5) 独自性・妥当性、(6) 現在の状況

研究目的直前までをコンパクトに書く。着想の経緯が続くので、文章が繰り返しにならないように調節する。若手・基盤では書けるページ数が変わるので、「背景と問い」の分量も前後する。書きすぎに注意。

科研費｜挑戦的研究（萌芽）

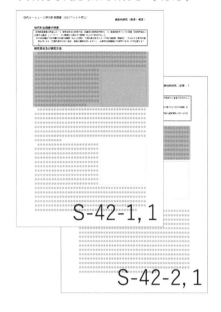

S-42-1, 1

S-42-2, 1

該当する項目：研究目的及び研究方法、応募者の研究遂行能力（S-42-1、1ページ目、S-42-2、1ページ目）

分量：S-42-1（0.4～0.5ページ程度）、S-42-2（0.2ページ程度、1段落）

要素：(2) 背景・重要性、(3) 少し前の状況、(4) きっかけ、(5) 独自性・妥当性、(6) 現在の状況、(7) 研究目的

　本研究の目的を書けという指示だが、研究背景等を書ける場所がここしかない。ページ数制限が厳しいので、ダラダラと書かず、半ページほどでスパッと書く。図をうまく使って文章量を減らし、紙面を節約する。

学振PD

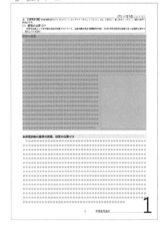

1

該当する項目：研究の位置づけ（1ページ目）

分量：0.5～0.7ページ程度＋図

　背景からはじまり、現状説明、問題提起、アイデア……のように研究目的直前までをコンパクトに書く。着想の経緯が続くので、文章が繰り返しにならないように調節する。

要素：(2) 背景・重要性、(3) 少し前の状況、(4) きっかけ、(5) 独自性・妥当性、(6) 現在の状況

　聞かれているのは研究目的の直前までなので、ここで研究目的や研究内容まで言及しないようにし、「～○○○は○○○という点で問題である」のようなシンプルな形式で十分。

「背景と問い」の要素

　背景と問いには非常に多くの要素が含まれますが、必ずしもすべてを書く必要はありません。まずはどのような要素がありうるのかを把握しましょう。

(2-1) 背景・重要性｜研究分野の背景

　多くの場合、研究課題を含めた、より一般的な分野についての背景説明から申請書を書き始めます。これには、申請書中で鍵となる用語の説明や分野の定義、一般

的に事実であると考えられていることなどが含まれます。

　これは、研究分野を定義することにほかならず、これから説明する研究課題は広い意味において何についての研究だといえるのか？　を審査員にわかりやすく提示し、研究計画を理解するうえで必要となる背景知識を提示するためのパートです。

> OK　〇〇〇を意味する〇〇〇は〇〇〇である。
>
> OK　〇〇〇は〇〇〇〔な／する疾患〕であり、〇〇〇〔を引き起こす／に関与している／である〕。
>
> OK　〇〇〇は〇〇〇〔し／により／することで／されながら〕、〇〇〇〔している／されている〕。

　審査員は申請者の専門分野に精通しているわけではないので、いきなり研究課題についての具体的な話をしてもわかってもらえず、研究計画を正しく理解してもらうことにつながりません。まずは、より一般的な話から説明を始めて、審査員を徐々に自分の研究課題へと導く必要があります（図 2.3 の砂時計を思い出しましょう）。まずは、これから何の話をするのか、どのような現状なのか、申請書で重要となる用語の意味や定義など、研究の全体像を最低限理解するために必要となる背景をなるべく一般的なところから順を追って説明します。この時には、

> ■　想定される審査員にとってどこまでが説明不要で、どこから説明が必要なのか
> ■　申請書を理解するために最低限必要な知識は何か

を意識し、なるべくコンパクトに書いてください。どんなに重要なことでも今回の申請書を理解するうえで不必要な内容であれば、書かない方がよいです。ややこしくなるだけです。申請書中で登場する要素の数は少なければ少ないほど理解しやすいという点を強く意識してください。場合によっては多少の正確性を犠牲にしてでも、話をシンプルにすることを優先することもありえます。

　「背景だからすべての情報を盛り込むべき」、「事実であれば何を書いてもよい」などと考えるのではなく、

> ■　この内容は申請書の内容や研究計画の価値をだいたい（完璧にではない）理解するのに必要だろうか？

という観点から、書く内容を取捨選択してください。

OK 免疫チェックポイント阻害薬は進行したがんに対しても優れた効果を発揮する。

OK 今なお、多数の反応性官能基を持つ分子の〇〇〇を制御することは困難である。

OK 渋沢栄一は、日本最初の銀行や紡績会社など多くの企業を設立し、経済の発展に大きく貢献した。

NG 転写因子〇〇〇は一般的に〇〇〇を認識するが、条件によっては〇〇〇も認識する。

→いきなり個別の問題を説明しているため、読み手はついていけません。

NG 本研究の目的は〇〇〇、△△△、□□□である。

→相手が同じような背景知識を持っていることが確実であれば、いきなり目的を説明しても許されるかもしれませんが、そうでないなら、何についての話なのか審査員はついていけません。

「背景｜研究分野の背景」にこれといった定形はありませんが、強いていえば、短文で書き始めると読みやすいと思います。

(2-2) 背景・重要性｜研究分野の重要性

さらに続く文では、研究課題が含まれる一般的な分野の重要性を説明します。ここでいう重要性には、学術的あるいは社会的な影響が大きいことや、より多くの人が興味を持っていることなどが該当します。「(2-1) 背景・重要性｜研究分野の背景」との明確な区別はなく、(2-1) の一部として研究分野の重要性をまとめて書いてしまっても構いません。

OK がんは、我が国において昭和56年より日本人の死因の第1位であり、現在では、年間30万人以上が、がんで亡くなっている。

OK 〇〇〇は〇〇〇に重要である。

この際に、「重要な研究分野である」ことは必ずしも本研究の重要性を意味しているわけではない点に注意が必要です。分野の重要性は研究の重要性のための必要条件ですが十分条件ではありません。重要な分野の研究であっても、くだらない研究は数多くあります。

NG がんは、我が国において昭和56年より日本人の死因の第1位であり、その克服は重要である。こうしたことから、好きな色とがんになりやすさの調査は喫緊の課題である。

　このように、研究分野の重要性を示すことは必ずしも本研究の重要性を意味するわけではありませんが、**申請者の研究が重要な分野の一部であり、本研究がそうした分野の進展に貢献しうる**ことを示す点でこのパートは重要であり、簡単でいいので書いておきましょう。

(3-1) 少し前の状況｜研究課題の背景

　一般的な分野から一歩踏み込んで、本研究に直接関わる具体的な分野の話へと話を進めます。ここは「(2) 背景・重要性」と「(3) 少し前の状況」の転換点であり、話題が急に飛躍しないように気をつけながら、一般的な背景から具体的な背景へ、研究分野全体の話から個別の研究課題の話へと、徐々に話を展開していきます。

　さらに、この後の「(3-2) 少し前の状況｜これまでの他人の貢献」と「(3-3) 少し前の状況｜これまでの自分の貢献」をもとに研究目的や研究計画が立てられるので、それらの内容を理解し、評価するために必要となる背景説明をここで書きます。具体的には、

OK ｛なかでも、近年、とくに、こうした中において、実際｝、〇〇〇は〇〇〇であることが…

のように、適切なつなぎ言葉を入れ、広い話から自然な形で本研究の話へと範囲を狭めていくとともに、その後の自他の貢献を理解するための背景を簡単に説明します。

　「(2-1) 背景・重要性｜研究分野の背景」と同様、ここも何を書いてもよいわけではなく、申請書をだいたい理解し評価するうえで、最低限必要となる情報にとどめておくべきです。とくに具体的な研究の背景は申請者がまさにいま取り組んでいるところであり、この部分を書きすぎている申請書を数多く見かけます。審査員が理解できる申請書であることは、高い評価を受けるために最低限必要となる条件です。

(3-2) 少し前の状況｜これまでの他人の貢献

　他の研究者がこれまでにどんな興味を持ち、どんな視点から、どのような研究をしてきたのか、その結果何が示されてきたのか（結論）、について書きます。

問題解決型の場合

　次の「(4) きっかけ」での問題提起に向けた現状認識にあたるので、

OK **これまで地球は平らだと信じられてきた（が、実際は球に近い）。**

OK **〇〇〇には性差がないとされてきた（が、実際にはある）。**

など「一般的にはそう考えられている（が、本研究ではそうではないといいたい）」とか「これまでの捉え方（は不十分で、本研究では新しい視点を提示する）」のような、本研究の価値を高めるための踏み台となる内容を書くパターンが多いです。

価値創造型の場合

次の「（4）きっかけ」でさらに前進するための現状認識にあたるので、

OK **これまでにも地球は丸いことが確かめられていた（本研究では、より精細に計測する）**

OK **脳の機能拡張というアイデア自体は昔から存在していた（が、本研究ではいよいよそれに挑戦する）**

のように、これまでの流れをさらに拡大・発展させるという内容を書きます。わかっていること・示されていることを整理せずに、カタログ的に書き連ねることは避けてください。

他と同様、研究目的あるいは研究計画と密接に関連していることだけに絞って書き、何を書いてもいいわけではありません。たとえば、

NG **リンゴは赤いことが示されていた。本研究では、リンゴの病気を効率的に防ぐ方法を確立する。**

と書くと、審査員は「リンゴが赤い」という内容に関連した申請書であることを想定しながら読み始めます。しかし、実際の研究内容はリンゴの病気についてであり、想定した内容と異なった内容を提示された審査員は肩透かしを食ってしまいます。病気を防ぐ方法についての研究内容を理解するうえで、「リンゴが赤い」という情報はまったく活かされていないばかりか、病気を防ぐ方法については触れられていません。

また、それとは逆に、関連しているからといって何を書いてもいいわけでもありません。

NG 我が国の年齢階級別の死因第一位および死亡率（人口10万対）は0歳から4歳が先天奇形、変形及び染色体異常（1,057人/10万人）であり、5歳〜9歳は…（平成21年　厚生労働省　第8表　死因順位（第5位まで）別にみた年齢階級・性別死亡数・死亡率（人口10万対）・構成割合より）

のような文章は、詳しすぎます。では、どの程度の情報量が適切なのでしょうか？どこまで書くかを迷った時は、**「申請書をおおよそ（80％くらい）理解し・評価するために、この情報セットは必要十分だろうか？」**と問うようにしてください。ほとんどの場合、審査員は分野外なのですから、限られた紙面、限られた時間のなかで申請者の研究内容を100％理解してもらうことは不可能ですし、審査員もまた100％理解したいとは考えていません。多すぎる情報は、本当に重要な情報が何であるかを見失わせてしまいます。審査員が背景で求めているのは、**申請書を理解し評価するうえで最低限必要となる背景知識**です。決して、「審査員を教育してあげよう」、「すべてを理解してもらおう」などと思ってはいけません。

　また、後の「現在の状況」も同じですが、ここではすべてがわかっている（わかっていない）と書いてしまうと傲慢な印象を与えかねません（実際、そうした状況は考えにくい）。ある部分はわかっているが、ある部分はわかっていないという書き方が可能であり、そうすることで客観的な姿勢で取り組んでいることを印象づけられるでしょう。

　2つ並べて書く場合は最後に出てくる内容がもっとも強調されます。

OK ○○○については理解が進んだが、重大な○○○についてはわかっていない
→わかっていないことが大問題だと考えている

OK ○○○の全体像の理解はまだ不十分であるものの、○○○についての理解は進んできた
→理解できている部分がある点を評価している

このように書く順番によって読む側の印象は変わってくるので、申請者の意図に沿った構成にしましょう。

（3-3）少し前の状況｜これまでの自分の貢献

　今回の研究に関連して、申請者（ら）も研究分野や研究課題に関して貢献してきたのであれば、ぜひ書いておきましょう。ここの書き方は2つのパターンがあります。

申請者（ら）も他の人たちと一緒になって研究を進めてきた

> OK ○○○は○○○であることが示されてきた。申請者（ら）も、○○○により、○○○の○○○を明らかにしてきた [文献]。

　このように書くことで、これまで他の研究者と同じ方向を向きながら研究を進めてきたことを示し、自分たちが専門家として研究の進展に貢献してきたことをアピールできます。もっともオーソドックスなパターンです。

　ただし、未発表データをここで示してしまうのはもったいないです。他にもっと効果的に使える場所があるので、ここに書く内容は発表済みのものにとどめておく方がよいでしょう。

他の研究者の研究方針や研究結果は実は間違っている

> OK ○○○は○○○であることが示されてきた。しかし、申請者らは○○○においては、むしろ○○○であることを明らかにしており、…

　このように書くことで、これまでいわれてきたことが実は（部分的に）間違っており、申請者らが新たに発見した、すなわち、申請者らには最新の知見や研究の先進性、材料・装置・データ等の優位性があり、他の人ではなく申請者（ら）こそがこの研究を行うのにふさわしい、ということをアピールすることができます。

（4-1）きっかけ｜問題提起と弊害

　すでに顕在化している問題については、研究を通じて問題解決を目指す必要があることはわかりやすいでしょう。この際のポイントは、**複数ある問題の中から、なぜこの問題に優先的に取り組む必要があるのか**、について説得力を持って説明することです。

　対象としている研究分野において、すべてがうまくいっており、誰も何も困っていないのであれば、もはや研究する余地はありません。そうではなく、

- ■ 他の問題よりも優先度が高い
- ■ 具体的な弊害が出ている（出そうである）

といった理由があって初めて、他の問題ではなくこの問題に取り組む理由になります。「単に申請者がずっと研究してきたから」、「申請者が興味を持っているから」ではすべての研究が該当するために差がつきません。

ここに書く内容は「国際平和」や「人類の幸福」といった大きなものだけでなく、「〇〇〇の理解を妨げていた」や「〇〇〇が〇〇〇であるかは不明のままであった」といったもっと範囲を絞った学術的な内容でも構いません。ただし、その場合には、この研究が潜在的には多くの人にかかわりうる問題であることにしておかないといけません。

> **NG** これまでに〇〇〇に関する報告は少なかった。

> **NG** 〇〇〇は研究されていなかった。

のような主張をしたところで、そもそも研究とはこれまでに実施されていないことを行うものですので、大した説得力を持ちません。また、関連する研究がないことは必ずしも研究する必要性を意味していない点にも注意が必要です。そうではなく、

- この問題を扱うべきである：緊急性が高い、すでに問題が顕在化しており、弊害もある。
- あなたなら（この研究室なら）解決できる：他の人にはない技術・アイデア・材料・装置などを申請者（ら）は持っており、この問題に答えを出せる。

をともに満たすような問題設定を心がけてください（どちらかだけではダメです）。

(4-2) きっかけ｜状況変化

　問題解決型と異なり、価値創造型の場合はきっかけを説明することは少し難しいですが、それでも、技術革新や新たな資料の発見、見直しの機運が高まっている、これから問題になりそうである、など研究を開始するきっかけが何かあるはずです。他にもできることやすべきことがたくさんあるにもかかわらず、とくに何のきっかけもなくまったく違う研究を始めようとしても、ほとんどの人は納得できないでしょう。

> **OK** 青い色素は神経保護の役割を持つことが報告されたため、青い色素をマウスに投与し…

> **OK** 近年、徳川埋蔵金に関する新しい文献が発見され、それによると〇〇〇に埋蔵金があると考えられたがまだ試掘されていない、そこで…

　このような説明であれば納得できる人も多いのではないでしょうか。きっかけを示すことで研究内容に説得力を持たせることが可能になります。

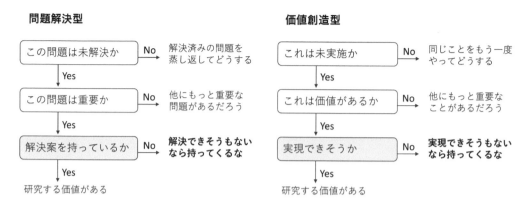

図 2.9　解決できそうな問題だけが研究対象の候補になる

　研究テーマの選び方でも説明したように、扱うべき課題は、未解決・未実施かつ重要なものに限られています。しかし、たとえこの基準を満たしていたとしても解決のための糸口がないのであれば、研究しようがありません。たとえば、

> **NG** 光の速さを超えて移動することはできないため、宇宙の果てについては不明であった。

> **NG** 無から生命を作り上げることは未だ成功しておらず、成功すれば基礎科学だけでなく、医学や哲学を含めさまざまな分野に大きなインパクトをもたらす。

と書いてしまうと、話の流れ上、研究計画では光の速さを超えて移動する方法や、無から生命を作る方法を書く必要が出てきてしまいます。これらの課題が重要であり魅力的であることには疑う余地はありませんが、解決・実現する方法がないのであれば、絵に描いた餅です。

　これを防ぐためには、**課題が未解決・未実施のまま放置されている理由について申請者なりの答えを用意しておく必要があります。**

> **OK** これまで〇〇〇を直接観察する方法がなかったために、〇〇〇は不明のままであった。

　この例では、〇〇〇を直接観察する方法がなかったからうまくいっていないのだ、という申請者なりの解釈があります。裏を返せば、〇〇〇を直接観察することが問題解決の糸口になると考えており、「そこで本研究では、〇〇〇を直接観察する方

法を新しく開発する」という研究目的へと話が自然に展開します。

　このように、問題が未解決であった理由を示すことで、問題解決の糸口がどこにあるかを示し、問題解決と研究目的をつなぐことが可能になります。

　未解決であった理由はとても重要なので、別の視点からも見てみましょう。以下では問題解決型の例を取り上げていますが、価値創造型でも同じです。まず、

ここで指摘した未解決問題がもし本当に重要であり、その解決方法も存在しているならば、すでに誰かがやっているはずである。

という考え方はとても重要です。この主張は「すでに解決方法があるにもかかわらず未解決のまま残されている問題は、『実はそれほど重要ではない』あるいは『現時点では難しすぎて解決できない』」という考え方と言い換えることも可能です。

　申請者としては「この未解決問題は重要で、解決可能だ」と主張したいのですから、当然、こうした考え方は認められません。こうしたことを防ぐためには、

- ■ 問題としては認識されていたが、技術や材料、装置などの不足により、これまでは研究したくてもできなかった（しかし、申請者ならできる）。
- ■ そもそも、それが重要な問題だとは認識されておらず、これまで放置されていた（しかし、申請者はそれが重要であることに気づいた）。

のように、**問題が未解決のまま放置されてきたのは、問題自体がくだらない、難しすぎるから、といった消極的な理由ではなく、もっと別の理由がある**と説明する必要があります。

- OK これまでは主に形態に着目した解析は盛んに行われてきたが、**性質はおおむね同じであるとの考えから、〇〇〇の違いに着目した報告はほとんど存在しなかった。**
- OK これまでは〇〇〇の計測精度の限界は〇〇〇で決まっており、それ以上**の精度での計測は理論上不可能であると考えられていた。**
- OK 〇〇〇に対する認識は、〇〇〇以来、ほとんど変わっていないままである。

そして、続く「研究のアイデア」において、未解決の原因となっている障害を申請者なら突破できる、と書くのです。

　ここで、問題が未解決であった理由が真実かどうかは必ずしも重要ではありません（もちろん真実であるべきですが、分野外の審査員にとってはそれが真実である

かどうかを判定することは実質的に不可能です）。そのため、申請者の主張をある程度の根拠をもって説明できればそれで十分です。最低でも「どういった視点が欠けていたのか」に対する答えを書き、可能ならば「なぜそうした視点は欠けていたのか」に対する答えも書くようにします。

（5-1）独自性・妥当性｜着想の経緯、（5-2）独自性・妥当性｜研究のアイデア

　「背景と問い」で研究のアイデアと着想の経緯を書くことも多いですが、詳しくは後の「着想の経緯」で説明します（p.74）。

「着想の経緯」を書く欄が別に用意されている場合

「背景と問い」では数行で、ごく軽くアイデアを紹介する程度にとどめておき、「着想の経緯」で詳しく説明します。同じ内容を繰り返して書く余裕がない場合がほとんどですから、表現や内容の重複をなるべく避けるようにしましょう。

「着想の経緯」を書く欄が別に用意されていない場合

　アイデアや着想の経緯について説明するため、ある程度のスペースをとって丁寧に説明する必要があります。

（6-1）現在の状況｜他人の成果

「背景・重要性」では研究の重要性を含め、一般的に真実だと考えられていることを書くのに対して、「現在の状況」では他の研究者がこれまでにどう考え、どのように取り組んできたのかについて書きます。すでに説明した「少し前の状況」との違いはそれほど大きくなく、「少し前の状況」ではアイデア（本研究に関するこれまでの取り組み）を実施する前の状況を、「現在の状況」ではアイデアを実施した後の状況について書きます。そのため、どちらか一方で十分であるケースは少なくありません。

　真実と考えられていることを書く以外にも、「これまでは〇〇〇だとされてきた（が、実はそうではない）」のように、世間ではそういわれているものの、申請者自身は必ずしも正しいとは考えていないようなことを伏線として書くケースもあります。これまでにどのような考え方があり、どのような研究がなされてきたのか、をまとめることは研究のスタート地点を具体的に定義することにつながります。

　また、申請書の物語はハッピーエンドの物語であり、研究を通じて「現在の状況」よりも良くなることが大前提です（そうでなければ研究する意味がない）。ここで書く「現在の状況」は本研究の完成後にはアップデートされる運命にあり、「背景・重要性」との大きな違いです。

たとえば、以下のように、「現在の状況」には問題があることを示して現時点を下げることで、成功した時の伸びしろを確保する書き方はよくあります。

OK ○○○については理解が進んだが、重大な○○○についてはわかっていない

OK これまでに○○○や○○○が行われてきたが、○○○についてはわかっていない

また、その逆の書き方として、

OK これまで、○○○については不明であったが、最近になって…

OK これまでに○○○が○○○されており、○○○が可能になった

のように、現時点でもよいが改善の余地はあり、その意味で不十分だとすることも可能です。

(6-2) 現在の状況｜自分の成果

ここも「(6-1) 現在の状況｜他人の成果」と同様に、研究のスタート地点を示し明確にするための役割を持っています。書くことがないのであれば省略しても構いませんが、申請者（ら）がこの分野に貢献してきたこと、専門家であることをアピールするためのチャンスですので、なるべく書いておくようにしましょう。他人の成果を書かず自分の成果だけを書くと、独りよがりと受け止められかねません。

また、他人の研究と自分の研究の両方を書く場合には、両者の関係を意識して適切につなぐ必要があります。

OK これまでに○○○であることが示されてきた。申請者らも○○○が○○○であることを…

OK 申請者らはこれまでに○○○の○○○を示してきた。これに対応するように、○○○においても○○○が示されている。こうしたことから…

研究課題の核心をなす「問い」

科研費における、研究分野の核心をなす学術的「問い」という項目は、何をどう書けばよいのかがわかりにくく、苦戦している人が多い印象です。「問い」を書く

ことが求められていないのであれば、あえて書く必要はありません。

「問い」は、申請書の前半部分をまとめ、研究目的につなげるための導入としての役割を持ちます。砂時計の例でいうと上半分のまとめです。まとめですので、「きっかけ」、「少し前の状況」、「アイデア」、「現在の状況」といろいろな要素に続ける形で「問い」を書くことができます。

きっかけに続けて書く場合

> OK ○○○は○○○において非常に重要な問題であるが、その詳細な制御メカニズムは不明のままである。したがって、「○○○において、○○○はどの程度重要か？」という問いは、本研究領域の核心をなす学術的「問い」であるにもかかわらず、まったく手つかずのままであった。

のように、これまでの研究ではある視点がごっそりと抜け落ちていて、それこそが研究課題における問いそのものである、というような書き方になります。

アイデアに続けて書く場合

> OK こうしたことから、○○○は○○○であると考えられた。したがって、本研究領域の核心をなす学術的「問い」は「○○○において、○○○はどのような役割を果たしているのか？」であり、これを示すために以下の研究を計画した。

> OK ○○○は○○○であると考えられた。こうしたことから、○○○を○○○することで、「○○○はどのように○○○しているか」という本質的な問いに答えることができると考えられた。

のように、あるアイデアから導かれる疑問に答えることや、あるアイデアを用いることによって、研究課題における問いに答えを出せる、というような書き方になります。こうした場合に、

> NG ○○○であると考えられる。こうしたことから、申請者は、手袋をすることで寒さを防げると考えた。そこで本研究の「問い」として、「手袋をすることで寒さを防げるか？」を設定する。

のように、「問い」がアイデアの繰り返しにならないように気をつける必要があります。文章表現の工夫でどうにかするのではなく、アイデアを利用して一歩先に進むイメージで、アイデアと「問い」がまったく同じものにはならないような工夫が必要です。

こうした重複を回避するアイデアの１つとして、

OK ○○○であると考えられる。こうしたことから、**本研究課題の核心をなす「問い」**として、「○○○をすることで○○○できるか？」を設定し、これを検証することで、○○○に対して答えを出せると考えた。

OK そこで本研究は「○○○を○○○することで○○○できるのか？」を研究課題の核心をなす問いとして設定し、…

のように、アイデアと問いを一体化させ、アイデアが「問い」そのものであると書くことはできるでしょう。

現在の状況に続けて書く場合

多くの申請書はこのパターンです。

OK このように、○○○であることが（予備的な研究から）示されている。○○○が○○○であることを考慮すると、○○○が○○○ではないだろうか？　この（これらの）問いは○○○を解き明かす重要な鍵となると考えられる。

OK こうした結果は、○○○につながると期待されるが、○○○の○○○についてはまったく明らかにされておらず、**本研究課題の核心をなす学術的「問い」**として残されたままである。

のように、現在の状況に続けて書くと、少し前の状況 → アイデア１→現在の状況 → 問い（アイデア２）のように、「問い」はアイデアのような性質を持ちます。

「背景と問い」の構成

記号の意味

↗　問題が解決した、理解が進んだ、良くなった、取り組まれている

↘　問題は解決していない、よくわかっていない、悪化している、放置されている

パターンのルール

■　↗（肯定的）、↘（否定的）、書かない、のどれかを入れる

■　「少し前の状況」と「現在の状況」はいったん下げてから最終的に上がったり（↘↗）、上がってから最終的に下がったり（↗↘）するパターンもありえる

■　「背景・重要性」と「少し前の状況（現在の状況）」は必ず書く

- 「独自性・妥当性」は必ず肯定的（↗）
- 1つの要素内で↘↗↘や↗↘↗のように二転三転させることで、さらに劇的にすることも可能だが、審査員の理解が追い付かなくなるので、推奨しない

「背景と問い」の構成の基本的なパターンは図 2.10 のように大きく 3 つあります。とくに大きな問題もなく着実に進展する**価値創造型**、問題がありそれを解決しようとする**問題解決型**、それをさらに進めて問題を解決しようとしたらまた別の問題が出てきて……と、上げ下げを繰り返す**劇場型**です。問題解決型のより劇的なタイプである劇場型ですが、あまりにも何度も成功と失敗が繰り返される申請書は読み疲れやすいので、↘はせいぜい 2、3 回までです。

いずれのパターンであっても、今よりも良い世界を目指すために研究するのですから、↘や↗がありつつも最終的には「現在の状況」あるいは「少し前の状況」よりも高い位置にいることを目指します。申請書はハッピーエンドの物語です。

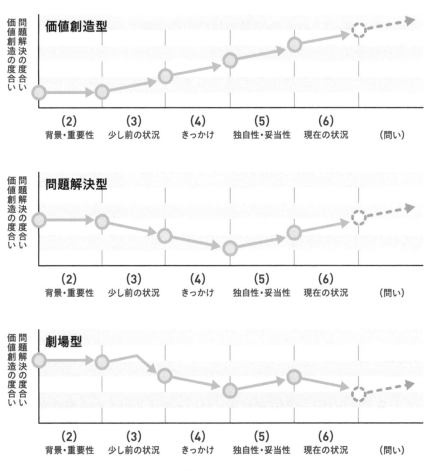

図 2.10　パターン 1 における「背景と問い」の 3 つの型

ここでは縦軸に、問題解決度あるいは価値創造度をおいたときの「背景と問い」全体の流れをみてみましょう。これに「問い」を書くか・書かないかまで考えると膨大な組み合わせがあり、これが「背景と問い」が難しい理由の1つです。ここでは、代表的なパターン1だけを紹介します。

価値創造型

(2) 背景・重要性　→　○○○は○○○である。

(3) 少し前の状況　↗　これまでに○○○が明らかにされてきた。

(4) きっかけ　　　↗　これに関連して、近年、○○○についても報告された。

(5) 独自性・妥当性↗　このことから、○○○することで○○○できると考えられた。

(6) 現在の状況　　↗　すでに、○○○については○○○されている。

(問い)　　　　　　↗　(そこで申請者は、○○○は○○○ではないか？　との問いを立てた)

問題解決型

(2) 背景・重要性　→　○○○は○○○である。

(3) 少し前の状況　↘　○○○については明らかにされておらず

(4) きっかけ　　　↘　したがって、○○○についても不明のままであった。

(5) 独自性・妥当性↗　これに対して、○○○することで○○○できると考えた。

(6) 現在の状況　　↗　実際、○○○については○○○であることが明らかにされている。

(問い)　　　　　　↗　(こうしたことから、○○○により○○○できるか？　と問いを立てた)

劇場型

(2) 背景・重要性　→　○○○は○○○である。

(3) 少し前の状況　↗　これまで○○○が明らかにされてきたものの、
　　　　　　　　　↘　○○○については不明のままであった。

(4) きっかけ　　　↘　そのため、○○○の理解は大幅に遅れている。

(5) 独自性・妥当性↗　これに対して、○○○することで○○○できると考えた。

(6) 現在の状況　　↘　しかし、○○○の難しさから○○○の解析は困難なままであった。

(問い)　　　　　　↗　(こうしたことから、○○○により○○○を実施することで、○○○を明らかにできるか？　を研究課題の「問い」に設定した)

研究動向と位置づけ・着想の経緯・研究の意義

「研究動向と位置づけ・着想の経緯・研究の意義」に迷ったらこう書こう

「研究動向」を言い換えると……本研究に関連したこれまでの研究、国内外・現在過去を含めた研究の潮流、どのようなアイデアや方向性で研究が行われている（きた）のか

「位置づけ・研究の意義」を言い換えると……研究分野における本研究の｛意義／立ち位置／役割／意味づけ｝、この研究はより大きな目的を達成するうえで、どの部分に対してどのような進捗を得るものなのか

「着想の経緯」を言い換えると……そのアイデアはどこから来たのか、なぜ数ある問題のなかから本研究で扱う課題としてこれを選んだのか、なぜ数ある解決方法のなかでこの方法がもっとも筋が良さそうだと考えたのか

具体例

本研究の着想に至った経緯や、関連する国内外の研究動向と本研究の位置づけ

申請者を含め、これまでマウスの大脳皮質に存在する複数の神経核を対象として、それらの神経核がどのように機能し、行動に影響を与えるかについて解析されてきた[文献]。しかし、最近の研究から、社会行動に直接関与していると考えられるニューロンは神経核の全ニューロンの半分以下であり、同じマーカー遺伝子を発現しているニューロン集団においても、神経投射や生理機能が異なっていることが明らかにされている[文献]。こうした結果は、これまで均質な集団だと考えられてきた社会行動制御に関与する神経核は、実際には多様なニューロンで構成される不均一な集団であることを示している。そのため、申請者は、生体内での遺伝子発現を1細胞レベルで測定可能な空間トランスクリプトームを用いることで、神経活性と社会行動をより高い精度で関連づけ、真に社会行動の制御に関わ

(3-2,3)少し前の状況
自分・他人の貢献

(5-1)独自性・妥当性
着想の経緯

(5-2)独自性・妥当性
研究のアイデア

っているニューロンを新たに定義できると着想した。

　本研究は、これまでの集団レベルの解析よりもはるかに高精細な解析を可能にするものであり、いまだ十分に理解されていない社会行動に関わるニューロンの特定に向けた試みであると同時に、他のニューロンにおける空間トランスクリプトーム解析のための先駆的な研究でもある。

> **(5-4)独自性・妥当性**
> 研究の位置づけ・意義

一般化例

　一般には先に、国内外の研究動向を書き、続けて着想の経緯、位置づけを書きます。

　これまで、○○○については○○○を○○○した報告や○○○の○○○を明らかにした報告などが○○○であることが報告されている。また、申請者らも○○○が○○○であることを明らかにしてきた(3、少し前の状況)。｛このように／こうしたことから｝、○○○は○○○であり、○○○を○○○することで○○○を明らかにできると着想した(5、独自性・妥当性)。｛実際／すでに｝　○○○は○○○であること　｛が明らかにされており／を報告しており｝、○○○が○○○である　｛可能性は高い／ことに矛盾はない／ことを確認している／ことを活かして本研究では／○○○から効率よく研究を開始できる｝　(6、現在の状況)。

　本研究は○○○を○○○することから、これまで○○○であった○○○に対して、初めて○○○するものである(5、独自性・妥当性)。

科研費｜基盤、若手、スタートアップ

該当する項目：(3) 本研究の着想に至った経緯や、関連する国内外の研究動向と本研究の位置づけ（2、3ページ目）

分量：0.5〜0.8ページ程度

　基本的にはここで書くべき要素をすべて含めることになるので、油断するとすぐに行数が増えてしまう。コンパクトに書けるところはコンパクトに。

要素：(3) 少し前の状況、(5) 独自性・妥当性

　研究動向（背景）を先に書いて、それに続けて着想の経緯を書き、最後に位置づけを書く。

科研費｜挑戦的研究（萌芽）

S-42-2, 3

該当する項目：本研究構想が挑戦的研究としてどのような意義を有するか（様式 S-42-2、3 ページ目）

分量：0.6 ページ程度（着想の経緯）

0.4 〜 0.5 ページ程度（研究の位置づけ・意義）

他よりも着想の経緯や意義を書く分量が多いのが特徴。

要素：(5-4) 独自性・妥当性｜研究の位置づけ・研究の意義

「着想の経緯」と「挑戦的研究としての意義」をそれぞれ分けて書く。似たようなことを重複して書かないように注意。

学振

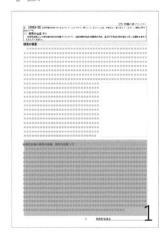

該当する項目：研究の位置づけ（1 ページ目）

分量：0.4 ページ程度

「これまでに研究されていないから意義がある」と書いてしまいがちだが、新しいことはその研究の価値を担保するものではない。

要素：(3) 少し前の状況、(5) 独自性・妥当性｜研究の位置づけ・研究の意義

「これまでの〇〇〇から、〇〇〇できると着想した（着想の経緯）。これまでの研究はこうだったが、本研究はこうなので、こういう研究だといえる（位置づけ）」のようにシンプルに書く。

「研究動向と位置づけ・着想の経緯・研究の意義」の要素

ここでは、関連する国内外の研究と比較しながら、本研究計画がどういった意味を持つのか、なぜこの方法が妥当だといえるのかについて説明し、審査員を説得するためのパートです。

申請者が主張していないことについて、審査員が積極的に意図を汲み取って評価することはありえませんし、単にすごい・新しい・重要だと連呼するだけでは審査員を納得させることはできません。

(3-2) 少し前の状況｜他人の貢献

研究の背景と同じく、新しい研究はこれまでの研究の影響を受けるので、ここで

は、これまでの国内外の関連する研究動向を紹介します。「(B) 背景と問い」や「(D) 独自性・独創性・特色」でもこれまでの研究を紹介し、これらは明確に書く内容は互いに関連しており区別が難しいですが、大まかには以下のように役割が異なっています。

表2.4　背景と問い、研究動向と位置づけ・着想の経緯・研究の意義、独自性・独創性・特色の役割分担

これまでの研究を書く項目	役割
(B) 背景と問い	■ 研究状況を説明するための、事実としての研究紹介 ■ 残されている課題を明らかにし、本研究の**必要性**を示すための研究紹介 例）これまではこうだったが、こんな問題が残っていた
(C) 研究動向と位置づけ・着想の経緯・研究の意義	■ 着想の経緯、アイデアの確からしさを示すための根拠紹介 ■ これまでの研究の流れの中で、本研究の**妥当性**や**意義**を示すための研究紹介 例）これらが示されているから、こうできると考えた 例）本研究はこういう点で、こんな研究であるといえる
(D) 独自性・独創性・特色	■ 本研究の**独自性**を示すための、比較対象としての研究紹介 例）これまではこうだったが、本研究はこうだから独自だ

　何のために他の研究を紹介するのか、を意識しながら書き分けるようにしてください。何も考えずに書くと似たような内容になりがちですが、ほとんどの場合、同じ内容を繰り返し書くほどのスペースの余裕はありませんので、意識して書き分けることが重要です。

　OK　これまでに、〇〇〇は〇〇〇であることが知られている [引用文献]。さらに、〇〇〇が〇〇〇に関わることも報告されている [引用文献]。（こうしたことから、申請者は…と着想した）

　OK　これまでの研究は主に〇〇〇であった。（これに対して本研究は…である）

(3-3) 少し前の状況｜自分の貢献

　新しいアイデア（着想）を思いつき、それが実現可能であると判断した根拠を書く際に、他人の研究だけを根拠とするのでなく、自分の研究成果に基づいていれば、申請者ならではのアイデアであるという主張の説得力がさらに高まります。

　OK　これまで〇〇〇は〇〇〇であることが報告されている。{実際／さらに／これに関連して}申請者らも、…

のように、他人の研究に続ける形で自分の研究を畳みかけるのが基本構文です。

また、申請者が研究分野の第一人者であり、客観的に見ても自分の貢献が大きい場合は順番を変えて、以下のようにしてもよいでしょう。

OK **これまで申請者らは○○○を明らかにしてきた。他にも○○○が○○○であることも報告されている。**

一方で、以下のように、これまでの研究を無視するような記述は推奨しません。視点を広くすれば必ず関係する研究はあるはずです。独りよがりの申請書と判断されないように関連研究は必ず調べておくようにしましょう。

NG **これまで、本研究に関連した研究はまったく行われておらず、したがって、関連する先行研究はまったく存在しない。**

NG **これまで申請者しか、こうした研究はしていない。**

(5-1) 独自性・妥当性｜着想の経緯

背景とは別に「着想の経緯」について詳しく書く欄があるのであれば、ここは軽い説明で構いませんが、他に「着想の経緯」を書く欄がないのであれば、ここでしっかり書いてください。本研究のアイデアが新しく、実現可能性が高いことを示すための重要なパートです。

アイデアの価値は新しさにありますから、

- これまでにできなかったことができる
- 誰も思いついていなかったことを思いつく

のように、「これまでは無理だったが、申請者だからできる（思いついた）」といった主張をすることになります。

そのためには、なぜ、申請者ならできなかったことをできるといえるのか、なぜ申請者は誰も思いつかなかったことを思いつけたのか、についての説明が必要です。よく、冗談で

NG **シャワーを浴びていたら、ふと思いついた**

NG **散歩をしていたら、急に思いついた**

などを「着想の経緯」として挙げたりもしますが、もちろんこれはダメです。突然良いアイデアを思いつくことはたしかにありますが、聞かれていることはそういう

ことではありません。**思いついたアイデアがうまくいきそうだと考えるに至った経緯**を教えてくださいという意味での「着想の経緯」であり、予備的な知見や他の論文などを引用しつつ根拠を説明してください。

OK **申請者のこれまでの研究から〇〇〇であることが示されており** [引用文献]、

OK **〇〇〇では〇〇〇であることと** [引用文献]、**△△△が△△△であることを考え合わせると** [引用文献]、

また、研究がなされていない、報告が少ないなどは着想の経緯として、筋が良くないにもかかわらず、しばしば見かけます。

NG **これまでこういった方法では研究されてこなかったから、本研究は実施する価値がある**

NG **こうしたアイデアでの実施例は少なく、本研究でこれに取り組む**

このような理由は絶対ダメというわけではないのですが、かなり微妙です。他にも研究されていないことは山ほどあるなかで、わざわざこのアイデアを試す理由としては非常に弱いです。他に何も理由を思いつかないのであれば書いておいてもよいかもしれませんが、推奨しません。

(5-2) 独自性・妥当性│研究のアイデア

ここでは、どうすれば課題を解決・実現できると考えているのか、についての申請者のアイデアをわかりやすく伝えます。他の方の申請書を読んでいると、まったく新しいアイデアは思いのほか少なく、選択しようと思えば選択可能なアイデアであることがほとんどです。新しすぎるアイデアは評価が難しいので、誰も見たことのない革新的なアイデアを無理にひねりだす必要はなく、「少なくともその業界、その分野では新しい」を目指すのは比較的楽な方法です。オズボーンのチェックリスト（p.16-18）にある、転用あるいは応用を用いれば、他の分野でうまくいっているアイデアを取り込めるので、審査員も評価しやすくなります。一般的には、

OK **（〇〇〇を〇〇〇することで、）〇〇〇できると ｛考えた／着想した／考えるに至った｝。**

のような形式で書きます。

とくに目新しいアイデアはなく、誰もが思いつくことを、誰もが思いつく方法で研究するパターンも中には存在しますが、あまり参考にはなりません。そういった

研究のほとんどは他の人よりも素早く取り組んだり、大規模に取り組んだりしないと価値を持たないものであり、見えている成功例を後追いしても勝ち目はありません。技術やアプローチ、ものの見方など、何かしらの点で新規のアイデアである必要があり、新しい技術や材料を持たないのであれば、ほとんどが考え方の新しさをアイデアとして書くことになります。

また、いくら新しいアイデアであっても

- **NG** 雑草を投げて一番遠くに飛んだものの子孫を得ることを繰り返せば、空を飛ぶ雑草が得られると考えた（くだらない）。
- **NG** 朝起きて空を見れば、その日の天気がわかると考えた（簡単すぎる）。
- **NG** 宇宙の果てに行けばよいと考えた（実現可能性が極端に低い）。
- **NG** これまでの研究者は実験動物に対する愛が足りなかったためうまくいっておらず、実験動物とのスキンシップを通じて愛を深めることですべてがうまくいくと考えた（根拠不足）。

などはよくありません。これらの例はかなり極端なので、「さすがに、こんな風には書かない」と思われるでしょうが、実際に、こうした例は形を変えて申請書中でよく目にします。

また、「他の人にアイデアを取られるから」とアイデアの肝心な部分を隠してしまうと、特徴のないありきたりな申請書になってしまい審査員を納得させられません。研究費は、まだこの世に存在していない将来の結果への先行投資ですから、どうやって目的を達成するのか、どういったアプローチで研究するのか、がわかる程度には具体的なアイデアを書いてください。**他の人はできないが自分ならギリギリできる**ところを狙う必要があります。あまりにも細かい部分を説明しても分野外の審査員には伝わりませんので、アイデアの詳細を説明しすぎることも不要です。

(5-3) 独自性・妥当性｜妥当性・他の研究と比較して優れている点

どのアイデアもやってみるまでは、成功するか失敗するかはわかりません。しかし、体は1つですし、時間も研究費も限られています。そうした制約のなかでは、より成功しそうなアイデアから試すべきです。

- ■ このアイデアが（もっとも）うまくいきそうである、と考えられる根拠はどこにあるのか
- ■ 無数に考えられるアプローチの中から、なぜこの方法を選択したのか

- ■ 「この方向性で研究を進めたとしても、少なくとも大間違いではなさそうだ」と主張できる根拠はあるのか

こうした審査員の疑問に対して、事前に申請者側で答えを用意しておくと親切です。答え方の代表的なパターンは次の3つです。

ある程度の成功が見えており、後はするだけ、というパターン

予備データを示すことによって、少なくとも大きくコケることはなさそうだ、この方向性で間違いなさそうだと主張することが可能になります。ただし、あまりにも手堅い計画しか書かないと、達成できたとしても不十分である、となりかねません。

> OK 申請者はこれまでに〇〇〇を多数発見しており、本研究では、その中でもっとも〇〇〇である〇〇〇について…
>
> OK 申請者はこれまでに〇〇〇を行っており、〇〇〇といった成果を挙げてきた。本研究では、これをさらに発展させ…

進捗や研究スピードにおいて他より優位である（コケるにしても、他より早くコケて早く立ち上がれる）、というパターン

研究は必ずしもうまくいくだけではありませんが、何度もチャレンジできるのであればうまくいく可能性を高めることが可能です。同じ程度の成功可能性であるなら早く何度も取り組める方に分があります。

> OK すでに〇〇〇については完了しており、本研究では〇〇〇から研究を始めることが…
>
> OK 申請者の予備的な実験から、すでに〇〇〇であることが示されており、
>
> OK 本研究で用いる方法であれば、従来の〇〇〇倍の早さで〇〇〇が可能になり、…

他の論文の知見や他の領域での成果を総合的に考えるとうまくいく可能性が高そうだ、というパターン

申請者の過去の成果や他人の成果、あるいはそれらを統合することで、確定的ではないが優先して行うべきであることを主張するパターンであり、もっともよく目にします。銅でやったことを鉄に変えて行う、といういわゆる銅鉄実験にならないように気をつける必要があり、単に〇〇〇でうまくいっていることを△△△でも試してみる、というのではなく、2つのものを組み合わせる、本研究領域とは離れた

分野での成果を援用するなど一工夫が必要です。オズボーンのチェックリスト（p16-18）はそうしたアイデアを見つけるヒントになるでしょう。

OK ○○○をすれば○○○できると考えた。実際、○○○分野では○○○を○○○することで、○○○に成功している［文献］。

OK …と考えた。これは○○○が○○○であるという報告とも矛盾しない。

（5-4）独自性・妥当性｜研究の位置づけ・意義

新学術領域や学術変革の「本研究により、どのような点で当該研究領域の推進に貢献できるか」や挑戦的研究「挑戦的研究としての意義」などは、ある特定の方向性をもった研究を採択したいという明確な意図がありますし、さきがけや AMED など明示はされていないものの領域のテーマが決まっているような場合は、設定された方向性にいかに沿ったものであるのかを示すことはとても重要です。

研究領域のテーマに合致する（そして、独自である）

複数の研究を集めて1つの研究領域を形成する場合には、外面の関係上、全体として1つの方向を向いている必要があるので、お題に沿った内容であることは伝える必要があります。

さらに、領域を設定する際に書いた内容のうち手薄なところに取り組むのであれば、それは重要なアピールポイントですので、しっかりと伝えましょう。書いたのにやっていないということにならないよう、採用する際には分野のバランスに対する配慮がなされます。

OK 本研究は○○○を｛解明する／扱う／明らかにする｝｛ものであり／ことを目的としており｝、○○○の点で、当該研究領域の○○○に貢献できる。

共同研究を推進する

OK 申請者は○○○｛を得意としているため／の経験を有しており｝、○○○が可能である。｛すでに／実際に｝、○○○とは｛共同研究を行っており／緊密に連絡をとっており｝、○○○である。

OK ○○○氏との共同研究により、○○○できれば、○○○研究に｛新たな展開がもたらされると強く期待できる／関する新たな知見が得られる｝。

他の構成員の研究の進展に貢献できる・新たな展開が期待できる

また、評価項目にも領域内での共同研究があるように、複数の研究者を集める意

図は相乗効果を期待してのことです。創造性における「周辺関連領域への波及効果」に相当しますが、ほぼ同じ分野の研究者ですので、具体的な人物を思い浮かべながら書くとよいでしょう。

共同研究とまではいかずとも、申請者の発見などが他の研究に役立つという主張は書きやすい内容です。

「研究動向と位置づけ・着想の経緯・研究の意義」の構成

何を書くにしても、基本は他の研究との比較なので、冒頭にはこれまでの研究がどういったものであったのかの研究動向を簡単に書きます。そして続く段落で着想の経緯や位置づけを書きます。着想の経緯と位置づけを両方書く場合には、時系列順に研究動向 → 着想の経緯 → 位置づけと書くと読みやすいでしょう。

研究の動向 ＋ 着想の経緯

〇〇〇は〇〇〇などで〇〇〇されてきた(3、少し前の状況)。しかし、そのほとんどが〇〇〇であり、〇〇〇という技術的な制約により、〇〇〇の解析はほとんど進んでこなかった(4、きっかけ)。これに対して、〇〇〇の研究によって〇〇〇が新たに発見され、〇〇〇を〇〇〇することで〇〇〇できると着想した(5、独自性・妥当性)。

研究の動向 ＋ ｛位置づけ、研究の意義｝

〇〇〇は〇〇〇などで〇〇〇されてきた(3、少し前の状況)。しかし、そのほとんどが〇〇〇であり、〇〇〇という技術的な制約により、〇〇〇の解析はほとんど進んでこなかった(4、きっかけ)。

これに対して本研究は〇〇〇を効果的に用いることで〇〇〇を明らかにしようとするものであり、これまでとまったく異なる方法で〇〇〇の解明に取り組む野心的な研究である(5、独自性・妥当性)。

研究の動向 ＋ 着想の経緯 ＋ ｛位置づけ、研究の意義｝

〇〇〇は〇〇〇などで〇〇〇されてきた(3、少し前の状況)。しかし、そのほとんどが〇〇〇であり、〇〇〇という技術的な制約により、〇〇〇の解析はほとんど進んでこなかった(4、きっかけ)。これに対して、〇〇〇の研究によって〇〇〇が新たに発見され、〇〇〇を〇〇〇することで〇〇〇できると着想した(5、独自性・妥当性)。

これに対して本研究は〇〇〇を効果的に用いることで〇〇〇を明らかにしようとするものであり、これまでとまったく異なる方法で〇〇〇の解明に取り組む野心的な研究である(5、独自性・妥当性)。

D 独自性・独創性・特色

「独自性・独創性・特色」に迷ったらこう書こう

「独自性」を言い換えると……優位性、新規性、先進性、唯一性、オリジナリティ

「独創性」を言い換えると……他よりも優れたアイデア・他にはない着眼点や考え方・アプローチの新しさ

「特色」を言い換えると……特徴、他とは異なる点（優れているかどうかではなく、単にどこが違うのか）

具体例

本研究の目的および学術的独自性と創造性

●[目的]●●…

　これまでは、主に計算時間の制約からモデルを単純化することで、秒およびミリメートルスケールでの物理現象の解析を実現をしてきた。これにより、分子動力学シミュレーション研究は大きく進展した一方で、サブマイクロスケールの熱現象については手つかずのままであった。これに対して本研究は、これまでの計算には取り入れられていなかった熱的物理過程までをも考慮に入れるだけでなく、これによって増加する計算時間を短縮するための独自のアルゴリズムを導入する点で新しい。さらに、この方法の確立は、前例のないBCA法・MD法・kMC法のハイブリッド法を通じて、ミリ秒およびサブマイクロメートルスケールの物理現象を世界で初めて正確にシミュレーションすることを可能にする。このことは、従来の手法では実験的には困難であった現象の理解や制御につながる独自の取り組みである。

●[創造性]●●●●●●●●●●●●●●●●●●●●●●●●●●●●●●●●●●●●●●…

(3-2)少し前の状況
研究課題の背景

(4-1)きっかけ
問題提起と弊害

(5-1)独自性・妥当性
妥当性・他の研究と
比較して優れている点

一般化例

　これまで、○○○では○○○を○○○して、○○○することが主流であった。これにより○○○については○○○が明らかにされてきたが(3、少し前の状況　↗)、

○○○の理由から○○○については不明のままである(3、少し前の状況 ↘)。これに対して本研究は、○○○により○○○を○○○する初めての研究であり、○○○を○○○できる点で高い独自性を有している(5、独自性・妥当性)。

独自性は、他の研究ではなく申請者の研究を採択すべき理由を審査員に提示するという意味で非常に重要です。もし独自性について書く欄が用意されていないのであれば、（B）背景と問い、（E）研究方法・研究計画、（H）準備状況などに書くことができないか検討してみてください。

科研費｜基盤、若手、スタートアップ

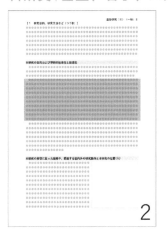

該当する項目：本研究の目的および学術的独自性と創造性（2ページ目）

分量：0.2〜0.3ページ程度

研究目的、独自性・独創性・特色、未来の状況と複数の要素を短めの1つの項目にまとめるため、要素間のつながりを意識し、書きすぎないようにする。

要素：（7）研究目的、（2）背景・重要性、（5）独自性・妥当性、（9）未来の状況

独自性と創造性が1段落ずつで、独自性の方を丁寧に書く。創造性は、こうなればこうなるだろう（なるといいな）というものなので、この研究の先に何があるかが伝われば十分。

科研費｜挑戦的研究（萌芽）

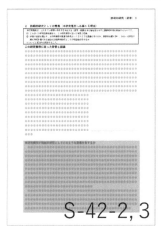

該当する項目：本研究構想が挑戦的研究としてどのような意義を有するか（様式 S-42-2、3ページ目）

分量：0.4〜0.5ページ程度（研究の位置づけ・意義）

要素：（5-4）独自性・妥当性｜研究の位置づけ・研究の意義

独自性や創造性を書くための明確な欄は用意されていないので、親和性がもっとも高い「挑戦的研究としての意義」の一部として書く。新しいことに挑戦するという独自性と挑戦性、その結果得られるであろう結果の創造性と挑戦性を書く。

学振

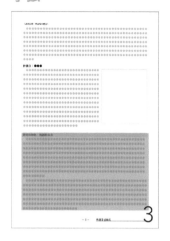

該当する項目：③研究の特色・独創的な点（3ページ目）

分量：0.5ページ程度

　研究計画を書いた残りのスペース、ページ終わりまで書く。研究計画の分量次第だが、本研究の特色を説明する重要な場なので、ある程度の分量は確保する。

要素：(2) 背景・重要性、(4) きっかけ、(5) 独自性・妥当性

　研究動向（背景）を先に書いて、それに続けて着想の経緯を書き、最後に位置づけを書く。

「独自性・独創性・特色」の要素

　「独自である」という主張をするためには、独自でない「普通の、特徴のない、ありふれた」比較対象を想定する必要があります。独自性は、国内外の他の研究と比較しつつ、「他はこうだけど、本研究はこうだからこういった点が独自である」という主張が基本です。

　このあたりの対比による書き方は研究の位置づけとも考え方は同じです。リンゴとコーヒーの比較のようにまったく異なるものと比べてもそれぞれの価値は評価しづらいので、リンゴどうし、コーヒーどうしの比較を通じて、独自性・優位性を評価するのです。

(3-1) 少し前の状況｜研究課題の背景

　独自性の冒頭では、国内外の他の研究を引用しつつ、これまでの研究はこうだったと紹介します。比較対象はこれまでの自分自身の研究であっても構いませんが、独自性はこうした先行研究を「独自でない」ものとして扱うことになりますので、あまりおすすめはしません。

> **OK** これまで、〇〇〇の研究では、〇〇〇を〇〇〇することで、〇〇〇することが主流であった。これにより、〇〇〇については〇〇〇であることが示されてきた。
>
> **OK** これまでのリンゴの品種改良は主に食味の観点から行われていた。

(4-1) きっかけ｜問題提起と弊害

　独自性は他の研究と比較し、どこに見落としや付け加えるべき点があるのかを指

摘するものです。材料、技術、装置、アイデア、情報の蓄積など、何かが国内外の他の研究よりも優れていないと、あなたに研究を独自なものであると評価する理由がありません。多くの場合はそこまで特殊な材料、技術、装置などはありませんので、アイデアの独自性で勝負することになります。すなわち、「**これまではこう考えられてきたけど、申請者はこういった理由で、こう考えた方がうまくいくと考えた**」のような書き方になります。

> OK **○○○については○○○であることが示されてきたものの、○○○については不明のままである。これに対して本研究は、○○○により○○○することで○○○する初めての研究であり、○○○を○○○できる点で独自性が高い。**

のように、その他大勢の研究と比較して本研究はこうだから独自である、という主張をすることになります。

(4-3) きっかけ｜未解決・未実施であった理由

申請者が独自性を主張するとき、「本当に重要な問題で解決方法も存在しているなら、誰かがすでにやっているはずである。それが未解決のまま残されているということは、実はこの問題は重要ではないということを意味するのでは？」という審査員の疑念があります。

もちろん、申請者はこの研究が重要だと思っているからこそ申請書を書いているわけで、審査員のこうした疑念はお門違いであると主張する一手です。重要ではないから放置されてきたのではなく、取り組みたくても取り組む方法がなかった、あるいは、そもそもそれが重要な問題だと認識されていなかった、から今まで放置されていたと書くべきなのです。これに答えるためのアプローチは大きく2つあり、

> OK **これまでは適切な手段がなかったので、誰もこの問題の解決に取り組めていなかった。これに対して、申請者はこの問題を解決するための手段・アイデア・予備データをもっており、（申請者しかできないという意味で）本研究は独自である。**
>
> OK **これまでは、（実はすごく重要なのに）これを重要な問題だとは誰も気づいていなかった。申請者らは、本提案でこの問題の重要性を初めて指摘し、解決のための道筋も示しているので、申請者らのこうしたアイデア（指摘）は独自である。**

の2択です。

　独自性の本体です。どういった点が独自なのか、その独自性はなぜ研究を進める
うえで有利に働くと考えられるのかについて書きます。

「背景と問い」や「着想の経緯」でも似たようなことを書きます（表2.4）。

- ■　「背景と問い」では主にアイデアそのものについて
- ■　「着想の経緯」ではアイデアを思いつくきっかけとそれがうまくいきそうで
  ある根拠
- ■　「独自性」では他と比べてどう優れているのか、すごいのか

と最初2つがアイデア自体に注目することで価値を説明するのに対して、「独自性」
では他のアイデアとの比較を通じて価値を説明します。ただし明確に切り分けられ
るものではないので、これら3つは似たような内容になりがちですが、短い申請書
中にまったく同じことを書いても新しい情報が増えたり説得力が増したりしないの
で、同じ事柄であっても別の切り口から記述する、最低でも文章表現は変えるなど、
まったく同じことを繰り返さないような工夫が必要です。また、

> **NG**　〇〇〇についての研究はまったく存在せず、申請者の研究が初めてである。

のように「申請者の研究は独自なので、これまでに関連研究は存在しない（から比
較できない）」と言いたくなる気持ちはわかりますが、何もないところから研究は
始まりません。これは、どこまでを関連研究に含めるかの違いであり、どんな研究
でも詳しく見ていけば関連研究はありませんし（まったく同じ研究が存在しないか
ら研究するのです）、広い視点で見ていけば関連研究は存在します。関連する研究
の現状を書く目的だけでなく、本研究課題のルーツを明らかにする目的もあります
ので、何かしら書いておくことをおすすめします。

　これまでの研究を自分の研究だけで固めてしまうと、他の人がまったく興味を示
してこなかったテーマであるかのように受け取られてしまいます。その反対に、研
究分野の重要性ばかりを強調し、申請者の貢献やアイデアが見えないと「あなたで
なくてもいいよね？」となってしまいます。両方のバランスをとって、他の研究者
も注目している重要な分野であり、そのなかで申請者も重要な貢献をしてきたこと
をアピールすることが効果的です。

　さらに、「未解明な部分がある」や「不明な点が多い」といった曖昧な言葉で現
在の状況を総括してしまうのも考え物です。

NG 〇〇〇については〔未解明な、不明な〕点が多い

現在の状況は未来の状況との対比ですので、具体的にどの部分をどう改善しようとするのかを曖昧にしたままでは、スタートが切れません。

(5-4) 独自性・妥当性｜研究の位置づけ・研究の意義

「研究の位置づけ」あるいは「研究の意義」で、**この研究が当該研究領域、関連する周辺分野、社会に対してどのような意味を持っているのか（持ちうるのか）を**説明することで、研究の特徴を明確にすることができます。

これは、「位置づけ」という言葉からもわかるように、国内外あるいは現在および過去の他の研究と比較したときに、**他の研究はこうだが、本研究はこうだからこうである**、と主張することで本研究の立ち位置（意味づけ）を明確にする作業だということもできるでしょう。

研究の位置づけとしては大きくは

- ■ 2つ以上の異なる説がある中で、どちらが正しいのか明らかにする
- ■ これまで多くの人が挑戦してきたものの未解決だった問題に答えを出す
- ■ 問題の解決により、従来の物の見方や考え方の大幅な変更や進展につながる
- ■ これからの研究の方向性や社会のあり方や市民の行動を変容させる

などが該当します。より具体的には、比較＋理由＋結論を基本構文とした書き方になります。比較については省略される場合も多く、たとえば、他ですでに比較している場合や自明である場合、比較する必要がない場合などは省略可能です。

OK 発見から〇〇〇年以上にわたり未解明だった〇〇〇を解き明かすことは、〇〇〇につながるため、挑戦的研究として大きな意義を持つ。

OK 本研究は〇〇〇という点で基礎科学における問題に答えを出すものであるだけでなく、〇〇〇という点において〇〇〇への挑戦でもある。

OK これまでにも数多くの挑戦がなされてきた〇〇〇を〇〇〇技術の開発を通じて目指す本研究は、学術の体系や方向を大きく変革・転換させうる潜在性を持つ。

OK 本研究は、〇〇〇という点から、新たな学問分野の創生につながる第一歩として位置づけられる。

OK 本研究は、これまでに用いられてきた〇〇〇ではなく、新たに〇〇〇を用いることで、従来とはまったく異なるアプローチにより〇〇〇の解明を目指す独創性の高い研究である。

また、次のような書き方は単なる研究の特徴や展望であり、位置づけではありません。

> NG これまでほとんど体系的に研究されてこなかった（から本研究には意義がある）
>
> NG ○○○ではなく△△△に着目している（から本研究には意義がある）
>
> NG ○○○が明らかになれば、○○○への応用が期待される。
> →○○○への応用が研究分野あるいは社会においてどのような意義を持つのかを説明しないと、問われている内容からは外れます。

新規だから独自である？

> NG これまでこうした研究は報告されていない。そのため、それをする本研究は独自である。

といった書き方は非常に多く見られますが、この主張は避けるようにしましょう。これまでに明らかにされていないことをするのが研究ですので、このロジックでいけば、すべての研究は独自であることになってしまいます。たとえば、

> NG これまで雑草が空を飛ぶかどうか調べた人はおらず、それを調べる本研究は独自である。
>
> NG これまで我が家の庭石の産地は研究されておらず未解明のままである。よって本研究で産地を明らかにすることは独自性の高い研究である。
>
> NG これまでに本研究で注目する○○○分子のアスパラギン残基を置換する研究は行われてこなかったことから、本研究は新規である。

という主張は誰もやったことがないという点でたしかに独自ですが、重要性は高くありません。つまり、独自性を書く時には単に「解明されていないから」ではなく、

> ■ 重要なのに解明されていなかった問題に、申請者なら答えを出せるから
> ■ 重要なのに見逃されていたことに申請者なら取り組めるから

と研究の重要性とセットにして書くようにしてください。さらに、

> NG これまでがん研究はまったくなされてこなかったことから、それに取り組む本研究は新規である

のように、明らかにリサーチ不足による虚偽の説明は申請書に対する信頼を損なうので、独自性を主張する際には事前調査が欠かせません。「管見の限り見当たらない」のような古めかしい表現をする人もいますが、ないと思っているならないと言い切っても十分でしょう。

独自性、独創性、特色の違い

独自性

　他の研究と比べたときの申請者ならではの優位性を意味します。たとえば、材料や装置、経験、技術の優位性、新規性、先進性、唯一性、オリジナリティなどが該当します。**他と比べて有利かどうか**に着目した言葉です。

独創性

　他とは違うということですが、基本的にはアイデア・着眼点・考え方・アプローチなど知的生産を指します。新しいアイデアや物の見方は新しい結果をもたらす可能性を高める一方で、必ずしもうまくいくことの保証はありません。**他と比べて新しいかどうか**に着目した言葉です。

特色

　規模が大きい、あっちではなくこっちを試すなど、**他とは違うかどうか**に着目した言葉です。他の研究と同じではないことは、新しい成果をもたらす可能性が高いことから、一般的には好ましいことです。

　ここで重要なのは、

- なぜ今まで他の研究者はこのアイデアを｛思いつかなかった／実施できなかった｝のだろう？

という質問に対して明確な答えを準備しておくことです。これに答えがないと「他の研究者も思いついてはいたが、くだらなさすぎて誰も研究しなかっただけ」や「思いついてはいたが、現時点では誰も解決できない難しすぎる問題」という可能性を否定しきれません。

他の人は無理だが、申請者だからギリギリ｛できる／思いついた｝と書くことで研究の独自性を示し、**なぜそういえる**のかを説明することで妥当性を示します。

E 本研究の目的

「本研究の目的」に迷ったらこう書こう

「目的」を言い換えると……本研究で何を明らかにするか

具体例

本研究の目的および学術的独自性と創造性

　そこで本研究では、年齢や社会的関係が言語使用に大きく反映される日本語と朝鮮語を比較することで、それぞれどのような言語形式やコミュニケーション手段が過干渉を引き起こすのかを明らかにすることを目的とする。さらに、得られた結果をもとに、過干渉を最小限に抑えるコミュニケーション戦略の基盤を構築する。

(7-1)研究目的
採用する研究アプローチ

(7-2)研究目的
メイン目的

(7-3)研究目的
サブ目的

●[独自性]●●●●●●●●●●●●●●●●●●
●●●●●●●●●●●●●●●●●●●●●●●●
●●●●●●●●…
　●●●●●●●●●●●●●●●●●●●●●●●
●●●●●●●●●●●●●●●●●●●●●●●●

●[創造性]●●●●●●●●●●●●…
●●●●●●●●●●●●…

研究目的

　そこで本研究では、抗がん剤治療による発症が知られている脱毛症の原因となる細胞の機能の解明を目的とする。具体的には、毛包周辺の細胞に着目し、その細胞膜受容体の同定を試みることで、脱毛症に対する新たな治療法の開発を目指す。

(7-2)研究目的
メイン目的

(7-1)研究目的
採用する研究アプローチ

(7-3)研究目的
サブ目的

一般化例

　そこで本研究では、○○○を○○○すること {で／によって}、○○○の○○○を明らかにすることを目的とする（さらに、○○○により、○○○を○○○することを目指す）。

科研費｜基盤、若手、スタートアップ

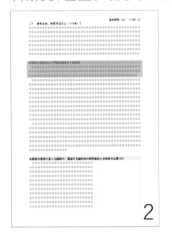

該当する項目：本研究の目的および学術的独自性と創造性（2ページ目）

分量：3〜5行程度

　基盤（C）や若手だとスペースが少ないので、目的は長くは書けない。

要素：(7) 研究目的、(5) 独自性・妥当性、(9) 未来の状況

　研究目的と独自性・創造性の2つに分けてそれぞれで見出しを立ててもよいし、注意書きにある通りに、目的と独自性・創造性を1つの項目として書いてもよい。この場合は、目的は独立した段落として書く。

科研費｜挑戦的研究（萌芽）

該当する項目：目的及び研究の方法（様式 S-42-1, 1ページ目）、本研究の目的（様式 S-42-2, 1ページ目）

分量：それぞれ3〜6行程度

　背景・重要性や研究計画と一緒に書くので、目的は長くは書けない。他とのバランスを見ながら調節する。

要素：(2) 背景・重要性、(3) 少し前の状況、(4) きっかけ、((5) 独自性・妥当性)、(6) 現在の状況、(7) 研究目的、(8) 研究計画

　本研究の目的を書けという指示について、様式 S-42-1 でも様式 S-42-2 でも背景を書ける場所がここしかないので、背景と目的を併せて書く。ページ数制限が厳しいので、目的はダラダラと書かず、スパッと書くのがポイント。図をうまく使うとよい。

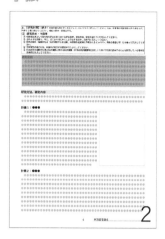

該当する項目：研究目的（2ページ目）

分量：3〜6行程度

　全体のページ数も限られているので、なるべく手短に目的を書いて、研究計画や特色・独創的な点を書くためのスペースを確保する。

内容：(2) 背景・重要性、(3) 少し前の状況、(4) きっかけ、((5) 独自性・妥当性)、(6) 現在の状況、(7) 研究目的、(8) 研究計画、

「本研究では〇〇〇による〇〇〇の解明を目的とする。さらに、〇〇〇を〇〇〇することを目指す」という「研究アプローチ + メイン目的 + サブ目的」が基本構成。

「本研究の目的」の要素

　研究目的は長々と書かず、短く3〜6行でまとめます。申請書を理解するうえで鍵となるパートなので、太字で書くなど強調も有効です。目的はメインの目的に加えて、サブ目的も書いておくと、リスク分散になり安定した計画になります。

　たとえば「アンケートを実施する」や「〇〇〇解析を行う」のような手段を目的として扱ってしまうと、これらを行いさえすれば、結果がどうあれ目的を達成したことになり、この研究は成功したことになってしまいます。本来の目的は、アンケートや〇〇〇解析という手段によって、事前に設定した仮説を検証したり、それによって何かを生み出すことだったり、であったはずであり、これでは本末転倒です。これは一般に、手段の目的化といわれているダメな例です。

　また、以下のように非常に広く曖昧な目的だったり、その逆にすごく具体的で狭い範囲しかカバーしない目的だったり、難しすぎたり簡単すぎたりするのもよくありません。

NG あるべき社会保障の形

NG 〇〇〇分子の〇〇〇番目のアミノ酸を△△△に置換したときにも機能が保たれているか

NG がんの完全撲滅

これらを避け、適切な難易度と具体性を持つ目的を設定する必要があります。

　ただし、論文とは違って、ここで書く「未来の状況」はまだ結果すら出ていない申請者の希望（妄想）にすぎないので、長々と書いてもあまり審査員には響きません（審査にプラスに働かないのであれば、むしろスペースがもったいない）。この研究が、申請者の興味を満たすためだけのものではなく、他の研究や社会に対しても多くのメリットをもたらしうることが伝わればそれで十分です。

(7-1) 研究目的｜採用する研究アプローチ

　具体的な方法は研究計画で書きますが、本研究で用いる研究アプローチの概要については簡単でよいので、目的に書いておくようにしましょう。研究方法の妥当性については「背景と問い」あるいは「着想の経緯」で説明しますので、詳しい説明は不要です。

> **NG** 宇宙の果てを明らかにすることを目的とする。

> **OK** 光速を超えることのできる〇〇〇法の開発により、宇宙の果ての直接観察を目的とする。

　このように、研究目的だけを書くよりも、簡単な方法を併せて書く方がずっと説得力があります。長く書きすぎると1文が長くなってしまい読みにくくなります。ここで書くべきことのメインは目的ですので、軽い記述で構いません。

(7-2) 研究目的｜本研究で何を明らかにするのか（メイン目的）

　手段と目的は連続的なものであり、区別をつけにくいものです。

この実験をする（手段）のは、〇〇〇を明らかにするためであり（目的）、〇〇〇を明らかにする（手段）のは、△△△を検証するため（目的）で、△△△を検証する（手段）のは、□□□を解決するため（目的）である…

のように、手段と目的はどこまでも遡って書き続けることができます。この調子でいくと最後は人類の幸福とかそのあたりの目的に行きつくことでしょう。実際、こうした混乱はしばしば見られ、研究期間内に絶対に達成できないであろう大きすぎる目的や、すぐにでも達成できるような小さな目的が書かれている申請書を読むことがしばしばあります。ちょうどいいサイズの研究計画を書くようにしてください。

　審査員だけでなく申請者自身が混乱しないためにも、本研究で明らかする（しようとする）範囲を明確に定めることが重要です。すなわち**「どうなればこの研究は成功だといえるのか」**を明確にする必要があります。

NG がんの撲滅を目的とする。

たかだか数年の研究で「がんの撲滅」が実現できる見込みが本当にあるのであれば、そう書いても構いませんが、現実的ではありません。

NG 社会福祉のあり方について理解を深めることを目的とする。

NG 本研究では〇〇〇の詳細な役割を明らかにすることを目的とする。

どうなれば「理解が深まった」といえるのか、「詳細な役割を明らかにできた」といえるのかが明示されておらず、審査員にはわかりません。こうした目的を書く場合、申請者自身も研究のゴールがよくわかっていないことがほとんどです。具体的に何を示せばどんな結論を出せるのか、を明確にしたうえで、なるべく具体的な研究目的を書くようにします。また、

NG 本研究では、〇〇〇を実施することを目的とする。

NG 本研究は〇〇〇を再検討することを目的とする。

のように、具体的に何をどうするのかわからないような目的を書いてはいけません。この書き方だと実施しさえすれば結果がどうあれ、この研究は成功したことになってしまいます。大事なのは〇〇〇を実施した結果、何かを明らかにすることだったはずであり、手段と目的が逆転してしまっています（手段の目的化）。

(7-3) 研究目的｜本研究で何を明らかにするのか（サブ目的）

　また、本研究のメインの目的以外に、サブ目的を書いておくのも良いアイデアです。仮にメインの目的が達成できなくても、別の目的を立てていればバックアップになりますし、基礎と臨床や、学術的視点と社会実装など、1つの対象を異なる視点で見ることで研究計画に深みを与えることができます。

　サブ目的はメインと同じ重みづけでも構いませんし、もう少し軽くして「うまくいくなら狙ってみる」くらいの感じでも構いません。

メイン目的

〇〇〇の解明を目的とする。

サブ目的

〇〇〇を目指す。

〇〇〇についても挑戦する。

〇〇〇の基盤を｛整備／構築｝する。

のように、文末表現でメイン目的とサブ目的の区別をつけたり、メイン目的と切り口を変えたものを書いたりします。

(7-4) 研究目的｜研究計画の概要

　科研費や学振など以外の書くスペースが十分に大きい申請書の場合は、研究計画の全体像を見失いがちです。図でまとめたり、タイムテーブルを書いたりすることも重要ですが、目的に続けて、研究計画の目次として、具体的に何をするのかの概要を示す方法があります。

本研究では、〇〇〇により〇〇〇を明らかにすることを目的とする。具体的には、

1. 〇〇〇の解明
2. 〇〇〇の確立と〇〇〇
3. 〇〇〇

を通じて、〇〇〇の〇〇〇に迫る。

のように、研究計画の見出しに相当する部分を箇条書きで書きます。この方法は、全体の見通しを良くする効果が期待できるため、長い申請書でとくに有効です。短い申請書では、すぐ後の研究計画にも同じことを書くことになりますので、こうした記載は不要です。

「本研究の目的」の構成

表2.5　本研究の目的の構成

	(6-1) 研究アプローチ	(6-2) メイン目的	(6-3) サブ目的	(6-4) 計画の概要
最小セット	●	●		
おすすめセット	●	●	●	
フルセット	●	●	●	●

　研究目的は一本道ですので、申請書全体の分量によって、いずれかを選択します。

最小セット

書くスペースが短い場合には余計なことをいわず、端的に書きます。ここまで短いとわざわざ見出しを書くまでもなく、他の項目の最後に書けば十分である場合も多いでしょう。

> **OK** こうしたことから、**本研究では、○○○により○○○を明らかにすることを目的とする。**

おすすめセット

科研費や学振では、もう少し詳しく目的を書く余裕があります。その場合には、各要素をもう少し詳しく書くとともに、サブ目的についても書くとよいでしょう。

> **OK** **そこで本研究では、○○○を○○○することで○○○を○○○し、これにより○○○における○○○を明らかにすることを目的とする。さらに、○○○の○○○についても、○○○することを目指す。**

フルセット

十分な長さの申請書を書くことのできる場合には、研究計画部分も長くなりがちであり、計画の全体像を把握するのが困難になります。そうした場合には目的に続ける形で、計画の概要（見出し部分）を書いておくと、研究の全体像の見通しがよくなります。

> **OK** **そこで本研究では、○○○を○○○することで、○○○を明らかにすることを目的とする。さらに、○○○についても○○○を行うことで、○○○の基盤とする。具体的には次の3点について明らかにする。**
> 1. ＜研究計画1の見出しそのもの、あるいは内容を1行で＞
> 2. ＜研究計画2の見出しそのもの、あるいは内容を1行で＞
> 3. ＜研究計画3の見出しそのもの、あるいは内容を1行で＞

F 研究方法・研究計画

「研究方法・研究計画」に迷ったらこう書こう

具体例

研究で何をどのように、どこまで明らかにしようとするのか

（1）F. virguliformeのダイズ根組織への侵入様式の特定

Fvの感染成立後のシグナル伝達経路については理解が進んでいる一方で、感染成立に至る過程はほとんど理解されていない。そこで、Fvのダイズの根への感染プロセスの時系列的な記述をするため、GFPで蛍光ラベルしたFvをダイズの根に感染させ蛍光量から感染成立に至るまでの初期過程を明らかにする。まず、F. virguliformeの蛍光株を作製し、蛍光顕微鏡を用いてダイズの根における付着器の形成を観察し、その詳細な過程を記録する。さらに、根における時系列RNA-seqを行い、観察の結果と突き合わせることで、感染に伴う遺伝子発現パターンと感染プロセスの対応を明らかにする。

申請者はすでに、いくつかの機能的な蛍光株の作出に成功しており、速やかに実験を開始することが可能である。

(8-1)研究計画 研究計画の見出し1

(8-2)研究計画 研究背景のリマインド

(8-3)研究計画 何をどうするのか

(8-5)研究計画 予備データ

（2）葉面SDS症状を誘発するFvTox1およびFvNIS1と相互作用するタンパク質の同定

Fvの感染成立後のシグナル伝達経路については理解が進んでいる一方で、感染成立に至る過程はほとんど理解されていない。そこで、FvTox1およびFvNIS1と相互作用するタンパク質のうち葉面SDS症状の誘発に関わる因子を同定するため、FvTox1およびFvNIS1を根で特異的に発現させそこから抽出したタンパク質を明らかにする。

(8-1)研究計画 研究計画の見出し2

(8-2)研究計画 研究背景のリマインド

(8-3)研究計画 何をどうするのか

まず、fvtox1変異体およびfvnis1変異体の病原性の低い表現型を確認する。次に、FvTox1とFvNIS1に蛍光マーカーを付加する。さらに、共免疫沈降法とLC-MS、酵母ツーハイブリッド法を行うことで、相互作用する可能性のあるタンパク質を同定する（図2）。仮に本研究がうまくいかない場合は、アルファスクリーンなど別の方法を試すとともに、すでに結合することが示されている因子に対象を絞って以降の解析を行う。

図2. 研究計画2の概要

計画の図

(8-5)研究計画
　　　　予備データ

（3）ダイズ以外ではSDSに耐性を示すメカニズムの研究

　Fvは広く他の一般的な畑作物や雑草にも感染しうるものの、ダイズでのみ深刻なSDS症状が見られる。ダイズにのみ存在すると考えられるFvTox1とFvNIS1と相互作用する因子を同定する。具体的には、ダイズおよび他の作物における課題1、2で同定した遺伝子および相同遺伝子の同定に取り組む。

　まず、既存のゲノムデータベースから、他の作物における相同遺伝子を特定する。その後、共免疫沈降や酵母ツーハイブリッド法を用いて、ダイズの遺伝子とは相互作用するが他の作物の相同遺伝子とは相互作用しない因子を探索する。これにより、ダイズとそれ以外の作物における相互作用の違いがSDS症状を生み出していることを明らかにし、ダイズにおけるSDS症状の発症機構を明らかにする。

(8-1)研究計画
　　　　研究計画の見出し3

(8-2)研究計画
　　　　研究背景のリマインド

(8-3)研究計画
　　　　何をどうするのか

(8-4)研究計画
　　　　どうなれば良いか

一般化例

1. 研究計画1

　これまでの研究から、○○○は○○○であることが明らかにされている。そこで、○○○によって、○○○の○○○を明らかにする。また、○○○についても、○○○がどのように○○○であるかを明らかにする。

　○○○については、申請者の予備的な研究からすでに○○○であることを見出していることから（図○）、この知見をもとに、○○○を○○○する。

　仮に○○○である場合には、○○○を○○○することで対応する。

2. 研究計画2
…

3. 研究計画3
…

科研費｜基盤、若手、スタートアップ

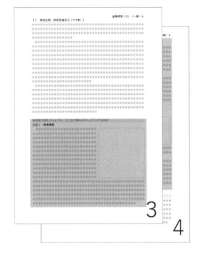

該当する項目：研究目的、研究方法など（基盤Ｃ：3〜4ページ目）

分量：それ以外の項目を書いた残りのスペース

見出し案：本研究で何をどのように、どこまで明らかにしようとするのか

内容：研究計画の背景、研究方法、研究計画、研究のゴール、うまくいかない場合の対応

コメント：研究費の種類によって使えるページ数は異なる。ページ数が増えるにしたがって背景などに書くべきことも増えるが、基本的には研究計画の分量の差である。

科研費｜挑戦的研究（萌芽）

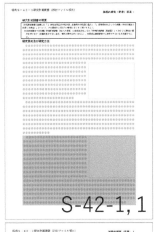

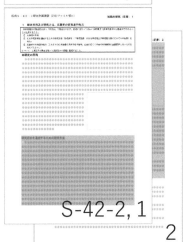

該当する項目：目的及び研究の方法（様式 S-42-1, 1ページ目）、

研究目的を達成するための研究方法（様式 S-42-2, 1、2ページ目）

分量：0.4〜0.5ページ程度（様式 S-42-1）

1ページ強（様式 S-42-2）

　S-42-1 は1ページ目終わりまで書いて2ページ目冒頭から「研究遂行能力」を書くとキリよく収まる。ただし計画が 0.5 ページは心許ないので、2ページ目にまたがってしまう場合もある。S-42-2 では2ページ目末の「研究遂行能力」を先に書いて残りの部分を研究計画で埋めるようにするとよい。

要素：(8) 研究計画

　挑戦的研究は書ける分量が非常に少ないので、余計なことを書かず、いかにしてアピールするかを考える。

該当する項目：研究方法、研究内容（2〜3ページ目）

分量：3ページ目の半分くらいまで

　研究計画の背景、研究方法、研究計画、研究のゴール、うまくいかない場合の対応

コメント：研究方法と研究内容を分けて書く人も見かけるが、同じ内容を繰り返しがちになるので、まとめて書くことですっきりとさせる。

「研究方法・研究計画」の要素

　研究計画では、研究項目ごとに小見出しを立てて説明します。年度ごとに小見出しを立てる場合もありますが、研究内容が複数年度にわたる場合には、同じ見出しが何度も出てくることになってしまうため、おすすめしません。

　研究項目の基本は3つです。研究項目を細分化して5つやそれ以上も書いてくる人がいますが、**研究項目が多すぎると**

（1）全体としてどこに向かっているのかが見えなくなる

　個々の研究項目がどのような関係にあるのかが見えづらくなり、結局、申請者は何を知りたいと思っているのかが曖昧になってしまいます。さらに、限られた期間内にすべての方向にエネルギーを注げば、全部が中途半端になってしまう可能性があります。

（2）単純に書くスペースが減る

　限られた紙面に数多くの計画が並べば、当然1つあたりに割けるスペースは減ります。個々の研究について表層しか語らないのであれば、ほとんど理解はしてもらえないでしょう。

（3）読む気が失せる

　（1）や（2）の結果、全体として何をしたいのかがわからなくなり、時間がない審査員は理解することを諦めてしまいます。研究項目とは研究内容のまとめです。項目数が多すぎるのは、まとめとはいえません。

研究項目が1つだけだと

（4）研究が失敗したときのバックアップがなくなる

　現実的には100%成功することはありえません。うまくいかないケースも当然あります。研究をはじめて最初の年にうまくいかないことが発覚した場合、どうしようもなくなってしまいます。

（5）研究の発展性がなくなる

　あまりにも簡単な課題を設定すると、早々に研究計画を達成してしまった場合にすることがなくなりますし、科学的な前進もわずかにとどまってしまいます。逆に、非常に挑戦的で難しい課題を設定すると、研究期間を通して成果が何もないという事態が起きてしまいます。大きなところを見据えつつ、着実に進んでいくためには一点突破はリスクが高すぎます。

　こうしたことから、**おそらく大丈夫だと思われる手堅い研究項目と挑戦的な研究項目を組み合わせた、2〜3個の研究項目を組み合わせて、研究計画全体のリスクをコントロールする**ことがもっとも安定しています（図2.11）。

　また、2つ目以降の研究計画がそれ以前の研究の成功を前提としている場合は高リスクな研究ですので、そうしたものを含めても構いませんが、手堅い研究計画と組み合わせることでうまくいかない場合でも最低限の成果を確保できるようにしておくことが重要となります。

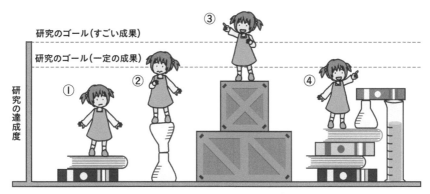

図 2.11　研究計画の手堅さと達成度のイメージ

　安全・確実ではあるけどインパクトのない研究ばかりしていても、まとまった成果にはつながりません（図2.11の①）。かといって、リスクの高い研究計画を土台として次の計画を立てても安定度は増しません（②）。成功すれば結果オーライですが、そうなるかどうかは誰も判断できません。転倒してしまうと何も残りません。

　一番よいのは、おそらく達成できるだろうと思える計画を積み上げつつも、インパクトを与えるような大きな仕事をすることです（③）。しかし、そのように都合

よくいくケースは稀ですので、確実そうな計画とリスクの高い計画を組み合わせることで一定程度の成果を確保しつつ、うまくいけばかなりの進展が見込める計画を立てるようにしましょう（④）。高リスクの研究が仮にうまくいかなくても、ここまでは大丈夫という担保があればリスクを取りにいきやすくなります。

OK うまくいかない場合には〇〇〇を行う

OK すでに〇〇〇という予備的な結果を得ている

のように、プランBを書くパターンだけでなく、予備データを書くことで研究の方向性がおおむね正しい（正しそうである）ことを書くパターンもあります。いずれにしても、「審査員に指摘されるまでもなく申請者自身もリスクについては考えており、その対策をしている」あるいは「予想されるリスクについては問題なさそうだ」と示しておくことで、採択してもうまくいかないのではないか、という審査員の不安を和らげる必要があります。

(8-1) 研究計画｜研究計画の見出し

研究計画の見出しには、研究内容がわかるような研究項目を書きます。

〇〇〇の{解析／解明／理解／開発／制御機構／局在解析／同定／調査／確立…}

多くの場合は**体言止めの見出しで、1行に収めます。**
研究担当者名と役割を体制図に書いたり、研究の実施年度をタイムテーブルにまとめたりして研究計画や申請書の末尾につけることがありますが、かなりスペースを使ってしまいます。以下のように、研究計画の見出しの横にシンプルに書き添えるだけでも十分です。

OK 1．〇〇〇による〇〇の誘導機構の解明（令和〇年度）

OK 1．〇〇〇による〇〇の誘導機構の解明｜佐藤（申請者）、鈴木（研究分担者）

また、スペースが足りなくなってくると見出しに続ける形で本文を書きたくなってきますが、とても見にくくなるので、まずは内容の精査を行い、それでもダメなら行間や文字間、図のサイズで調節できないかを考えた後の最終手段として行います。

NG ではないが紙面が詰まってしまい読みづらくなるので、できるだけ避けたい

1. ○○○による○○の誘導機構の解明：　○○○を○○○することで、○○○における○○○の時系列解析を…

さらに、見出しをゴシック体で書いているにもかかわらず、英数字がセリフ体になっていてちぐはぐな印象を受ける例があります。せっかくこだわるなら細部までこだわってください。

NG 1. ABC と DEF の標的遺伝子の同定と mRNA 分解制御メカニズムの解明

p.193 にあるように Word では日本語用フォントと英数字用フォントは別に設定するので、日本語用フォントをゴシック体にするなら、英数字用フォントもサンセリフ体にしておきましょう。長い英単語が含まれていないなら、英数字も日本語用のフォントを使えば十分です。

(8-2) 研究計画｜研究背景のリマインド、申請者らのこれまでの成果

研究の背景は「背景」で説明済みなので、詳しい背景説明は不要です。しかし、分野外の審査員が説明したことをすべて覚えているとは思えません。研究内容をスムーズに理解してもらうためにも 1 〜 2 行程度で構いませんので、簡単なリマインドから研究計画を書き始めましょう。

OK **○○○は○○○である。そこで、…**

OK **申請者らはこれまでに○○○から、○○○を見出した [文献]。そこで、本研究では、…**

(8-3) 研究計画｜何をどうするのか

何をどうするかの手順を書くパートです。しかし、書き慣れていない人は詳しく書きすぎる結果、かえってわかりにくくなってしまう傾向にあります。

たとえば、タイ料理であるパッタイに関する研究をするとして、申請書に以下のように書かれていたらどうでしょうか？

NG 1. センレックはぬるま湯に 15 分ほどつけて戻し、ザルに上げて水気を切ります。
2. むきえびは背わたを取って洗い、キッチンペーパーで水気をふき取ります。厚揚げは 1 cm 角に切ります。もやしは洗ってザルに上げ、水

気を切ります。ニラは4cm長さに切ります。ピーナッツは保存袋に入れ、めん棒でたたいて細かくします。
3. フライパンに卵用のサラダ油を引いて中火にかけ、卵を流し入れます。大きくかき混ぜ、半熟状になったら一度取り出します。

　審査員はこれを読んで採択したいと思うでしょうか。分野外の審査員にとっては、研究の手順を詳しく説明されても十分には理解できません。**審査員としては「専門家である申請者が適切にするんでしょう」くらいの感想しかなく、よく知らないことについて、手順の細かいところで採否を決めるなんて怖くてできません。**

　同様に、やたらと数字が細かかったり、明らかに無謀だったりする研究計画も見かけます。

NG 令和〇年の6月までに、〇〇〇を〇〇〇し、7月には〇〇〇する。得られた成果は〇〇〇誌に投稿し、〇〇〇学会で発表する。
NG 年金問題を解決する
NG まず難治性がんの治療法を確立し、次に…

研究が予定通りにいかないことは審査員を含め誰もが知っていることですし、まだ結果を得てもいないのに投稿先を決めているのもナンセンスです。
　むしろ、「目的を達成するうえで、なぜこの研究をする必要があるのだろうか？」とか「どうなればこの研究が成功したといえると申請者は考えているんだろうか？」といったことの方が気になるはずです。
　How（どうやるのか）やWhen（いつするのか）を研究計画として書くのではなく、Why（なぜするのか）やWhat（どうなればよいのか）、Where（どこに工夫があるのか）、Who（誰とするのか）、についての答えを書くようにしてください。

(8-4) 研究計画｜何がどうなれば本研究は成功だとするのか
　研究の究極のゴールは未解決問題の解決や新たな価値の創造です。しかし、それらは一朝一夕では実現できないので、問題を分割し、その一部について解決することを目的とします。
　こうしたなかで、申請者が明らかにしないといけない問題は、どうなれば「この研究は成功した」あるいは「研究がうまくいった」といえるのか、です。どうなると成功で、どうなると失敗か、のゴールラインを設定するのは審査員ではなく、申請者自身です。申請者は、「何をするのか」だけでなく「どのような結果を想定しているのか」および「どこに研究のゴールを設定するのか」について書かないとい

けません。科研費申請書でいうところの「どこまで」に当たります。たとえば

NG 〇〇〇を材料に、遺伝子発現解析を行う。

NG 〇〇〇を対象としたアンケート調査を行う。

といった計画が書かれてあっても、審査員は遺伝子発現解析やアンケートを実施した結果どうだったらこの研究は成功で（予想通りで）、どうだったらダメだ（うまくいっていない）と判断するのかがわからず、解析することやアンケートを取ることそれ自体が目的のようにも読めてしまいます。

OK 〇〇〇を材料に遺伝子発現解析を行い、〇〇〇の条件で〇〇〇よりも有意に発現が上昇する転写因子を同定する。

OK 〇〇〇を対象としたアンケート解析を行い、〇〇〇に対する意識変化が見られるかどうかを確認する。

のように、何かをした結果、どうだったら成功と考えるのか？　を明示する必要があります。分野外の審査員は基本的にはあなたの研究のことはわからず、審査において審査員が評価できることは限られています。

■ この研究内容は価値があるか（研究の方向性）
■ この研究で得られるであろう成果は十分にインパクトをもたらすか（ゴールの位置）
■ どうやってゴールに到達するか（アイデア）

の3点については判断できますが、具体的にどんな手順で実験をするかについては、「専門家である申請者が適切にするのでしょう」くらいしか判断できません。そのため、**こうなればこの研究は成功で（ゴールに到達したと判断する）、こうなれば失敗だ（ゴールに到達できない）、という具体的なゴール位置を申請者自身で設定する**必要があります。

(8-5) 研究計画|うまくいかない場合はどうするつもりか、予備データ
　申請書の評価は2つの意味で難しい作業です。

■ 分野や内容がまったく異なるものに優劣をつける必要がある
■ よく知らない分野における研究計画の実現可能性を評価する必要がある

明らかに不備のある研究は論外ですが、一定水準以上のレベルで計画されている研究計画であれば、たとえばがん研究と糖尿病研究のどちらの申請書が優れているかを評価することはかなり困難で、自信をもってこちらの方が優れていると言い切れる人はいないでしょう。

　このような状況では、より成功する可能性が高い方を採択しようとなり、「この研究計画では、うまくいかないのではないか？」という審査員の疑問にあらかじめ答えが用意されているかがとても重要になります。そのためには大きく2つの戦略があります。

予備データを示す

　申請書を評価する難しさは、まだ結果がなくどうなるかわからないものを評価しなければいけないことにあります。そのため、予備的なデータを示し、すでに研究の一部はうまくいっている、うまくいきそうである、ことを示すことができれば、審査員も評価しやすくなります。

　背景で予備データを示すことはもったいないと書いた理由はここにあります。それをしてしまうと、その予備的な結果を事実のものとしてそれを元に研究計画を立てることになってしまうので、この研究計画がうまくいくか？　という疑問に対する証拠としては使えません。「研究計画」で予備データを示せば、立てた研究計画の正しさを支持するデータとして使うことが可能になります。

　OK 申請者はすでに○○○を○○○した解析から、○○○を見出している。

　ただし、予備データを示しすぎて研究計画のほとんどがすでに完成していると書いてしまっては、研究する必要がなくなってしまいますので、あくまでも

- ■　ある部分についてはうまくいっているので、同様に他もする
- ■　ある部分についてはうまくいっているので、これをもとに次の展開を目指す
- ■　部分的にはうまくいっているので、この方向性で研究を継続しても大きくは外さない

という程度にしておくことが重要です。場合によっては、あえて予備データを出し渋り、うまくいきそうである（実際にはうまくいくことを確認済）とする戦略もありえます。**今後のことを評価する申請書において、「あと少しで結果が出そう。あとひと押しの支援ですべてが解決できる」という期待感はかなりプラスに働きます。**

表2.6　予備データを示す項目と狙い

予備データを示すことが可能な項目	予備データの使い方
(B) 背景と問い、(C) 着想の経緯	研究のきっかけ、独自性のアピール材料として
(F) 研究方法・研究計画	研究の方向性の正しさの証明材料として
(G) 準備状況	研究がすでに始まっていること、研究遂行能力のアピール材料として

うまくいかない場合の対応（プランB）を書く

　研究には、リスクの高い研究と低い研究があります。一般的に、調べた結果がどうであれ、何かしらの結果・結論が得られるタイプの研究は低リスクであり、特定の仮説が正しいかどうかを検証する、たくさんの中からあるかどうかもわからないものを探索する研究（変異体や化合物スクリーニングなど）は高リスクです。

　高リスクの研究を実施すること自体はよいのですが、その成功がそれ以降の研究計画の前提となっているのは、よほどのことがない限り危険です。

NG **本研究では、すべてのがん種を予防する化合物を同定した後に、作用機序を明らかにする。**

こうした研究計画だと、化合物が見つからなかった場合に、それ以降にすることがなくなってしまいます。高リスクの研究を実施する場合にはとくに、「うまくいかない場合にどうするのか」について先回りして書いて、研究計画をしっかり考えていることをアピールすることが重要です。

OK **仮に○○○がうまくいかない場合は、○○○や○○○についても検討する。**

OK **○○○などが問題となり○○○が示せない場合でも、○○○については明らかになると考えられることから、これを利用して○○○を行う。**

OK **サンプルが予定通り集まらない場合に備えて、○○○についてもサンプル収集を行っておく。仮にサンプルが余れば、これらについては○○○に利用する。**

また、せっかく用意したバックアッププランも同様に高リスクの計画になっていると台無しで、リスクが減った感じはありません。

NG **本研究では、すべてのがん種を予防する化合物を同定する。仮に、見つからない場合には、別の化合物ライブラリを用いて同様の解析を行う。**

#科研費のコツ **55** 準備状況で書けることは決まっている

「準備状況」に迷ったらこう書こう

　申請者の研究計画がいくら優れていても、研究を行うために必要な機材や資料・材料・環境・人的リソース・技術・時間などが十分でなければ、研究を計画通り実施することは困難です。もちろん「十分に準備しています、やれます」と答える一択であり、微妙なことは書いてはいけません。

　予備データはなるべく研究計画に書き、申請者の実績アピールは研究遂行能力に書き、ここは長々と書かないようにしましょう。

具体例

本研究の目的を達成するための準備状況

　本研究で用いるALSモデルマウスは、研究センターにおいて系統が維持されているため、必要な試料の入手が容易であり、すでに手続きを完了している。また、これまでの解析から得た遺伝子発現データの再解析により神経変性や神経保護に関連する遺伝子群を明らかにしており、本研究ではこれらの候補遺伝子を中心に解析を進めることで、効率よく研究を進めることができる。こうした再解析にくわえて、本研究でも新たにRNA-seq解析を行う。その解析は申請者自身が行うが、より高度な解析が必要になった場合には、共同研究者の助力を借りることができる状況であり、着実に研究を遂行できる。すでに、メタボローム解析の打ち合わせも進めており、すぐにでも研究を開始できる状況にある。このように、必要な準備は整っており、本研究はスムーズに開始できる。

　(8-6)研究計画
　　準備状況（有形）

　(8-7)研究計画
　　準備状況（無形）

　(8-8)研究計画
　　最後のアピール

一般化例

　本研究を実施するうえで必要となる、○○○などの○○○はすでに揃っている。また、○○○に用いる○○○なども○○○済みである。○○○については、○○○大学の○○○博士と○○○する予定であり、すでに打合せも済んでいる。

　以上のように、本研究をスムーズに開始するための準備はすでに整っている。｜日本学術振興会特別研究員として／領域への参加を通じて／さきがけ研究者として／…｜さらに研究を加速させたい。

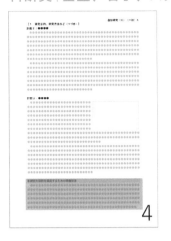

該当する項目：本研究の目的を達成するための準備状況（基盤C：4ページ目）

分量：4ページ目の最後　数行程度

　ここに予備データを入れてしっかり書く場合もあるが、背景や研究計画で説明した後なので、あまり長く書かず短くまとめる方がよい。

要素：(8) 研究計画｜準備状況

　予備データは着想の経緯または研究計画の一部として書き、準備状況では書くにしても予備データの存在を示す程度で十分。一般的には形式的な内容だけの場合がほとんど。

「準備状況」の要素

　準備状況で書くべき内容はおおむね決まっており、誰が書いてもほぼ同じ内容です。準備できていることをしっかりとアピールしましょう。

(8-6) 研究計画｜準備状況（機材・資料・施設・材料など有形のもの）

最低限必要なもの（機材・資料、協力施設、協力者、サンプルなど）が揃っている

OK　**本研究で取り扱う〇〇〇や〇〇〇については、すでに〇〇〇しており、本研究計画を速やかに実施できる状況にある。**

　→「すぐにでもできるなら、なぜしないのか？」という声が聞こえてきそうなので、そこに対するケアはあるとよい。

OK　**本研究を進めるうえで重要となる〇〇〇装置は、所属研究室が占有しており、長期間の計測も支障がない。**

OK　**研究スペース、電源、共通機器など基本的な研究環境が整っている。**

研究開始前あるいは研究開始後の比較的早い時期に研究の準備が整う見込みが立っている

OK　**すでに〇〇〇と〇〇〇については〇〇〇を終えており、〇〇〇についても研究開始までには〇〇〇できる見込みである。**

OK　**本研究の実施に必要な〇〇〇以外の機器については所属研究室あるいは共通機器として利用が可能である。〇〇〇を本研究費で購入することで、〇〇〇は速やかに実施できる。**

OK 本研究計画を実施するために必要となる機器はすべて利用可能である。{研究室の拡大に伴い不足する分については追加で購入し、確実に研究を遂行できる環境を整える／しかし、〇〇〇は導入からすでに〇〇年が経過していることから、本研究費で新たに〇〇〇を購入する。}

→すべての機器があり研究できると書いてしまうと、今回の研究費で機器を購入する理由がなくなってしまうので注意。

(8-7) 研究計画｜準備状況（予備データ・研究の方向性・知見・実績・研究環境・技術など無形のもの）

予備データ、実績など

OK 〇〇〇によって〇〇〇を〇〇〇する方法をすでに確立して{いる／おり、本研究計画を速やかに実施できる}。

OK 〇〇〇をすでに終えており、本研究は〇〇〇から実験を開始できる。

OK すでに、〇〇〇が〇〇〇であることを見出しており、研究の方向性に間違いはない。

OK 〇〇〇の研究にすでに着手している。

OK 〇〇〇の分野で〇〇〇の実績があり [文献]、本研究で行う〇〇〇についても問題はない。

技術

OK 本研究の基盤となる〇〇〇や〇〇〇の研究の大部分は申請者（ら）のグループで行ってきたものであり、〇〇〇や〇〇〇などの材料はすでに揃っている。

OK 申請者らはこの研究に長年にわたって携わっており、扱いに慣れている（ノウハウが蓄積している）ので、本研究もスムーズに進められる。

OK 今回の研究を進めるために必要な手技はこれまでの研究などで身につけている。

研究環境・人材

OK 研究に専念する時間を確保でき（てい）る

OK 十分なエフォートを割いている（プロジェクト雇用の場合など）

OK 独立して研究を遂行することが可能である（若手、学振 PD など）

OK 〈周囲／研究室内／研究所内〉に多様なバックグラウンドを持った研究者がおり、〈さまざまな視点からのフィードバックを得やすい／共同研究が容易である〉。（海外学振など）

OK 派遣先の受入教員である〇〇〇博士は指導教員（申請者）と旧知の中である（だから大丈夫だ）。（海外学振など）

OK 研究代表者に加えて、〇名の大学院生と技術補佐員が〇〇〇を担当する予定であり、研究体制も整えられている。

共同研究

OK 〈共同研究者と密に連絡を取り合っており／研究の打ち合わせを終えており〉、採択後すぐにでも解析を始めることが可能である。

OK すでに共同研究を開始している。

OK 〈共同研究／研究協力者〉の〇〇〇氏とはすでに共著論文を発表しており、本研究の解析についても問題なく実施できることを確認している。

OK 〈〇〇〇解析については／〇〇〇を明らかにするため〉、〇〇〇大学の〇〇〇博士と共同研究を〈行う予定である／行っている〉。

NG 本研究の遂行に必要なすべての機材は揃っており、研究費だけが不足している。

→こう書いたところで審査においてプラスに働くことはありません。申請書の性格上、研究費の必要性は自明であり書く必要がないばかりか、印象を悪化させる可能性すらあります。

(8-8) 研究計画｜最後のアピール

OK 以上のように、本研究を速やかに実施するための環境は十分に整っている。

OK したがって、準備状況に問題はなく、研究を円滑に行うことができる。

OK 採択後に本研究をスムーズに開始するための研究体制の構築および機器等の準備を終えている。

OK 申請者は〇〇〇に〇〇〇として参加し、〇〇〇といった成果をあげてきた。
→新学術領域のように公募での入れ替え時や、実質的に後継として立ち上がった領域の公募の場合には、これまでに参加して成果を上げてきたことを準備状況として書いてもよい（研究遂行能力で書く方が一般的）。

OK 〇〇〇との共同研究を通じて、〇〇〇の研究を加速させたい。
→新学術領域、学術変革、さきがけなど他のメンバーとの共同研究を期待されているような研究費の場合は書いておくとよい。

OK 申請者は｛昨年／今年｝に独立した研究室を構えており、〇〇〇や〇〇〇については現有の装置で対応可能であるが、〇〇〇などが不足している。研究を効率的に進めるためにも、〇〇〇を強く希望する。

POINT　申請書の文例の探し方

　他人の申請書を目にする機会はそんなに多くはありませんが、たとえ分野が違っていたとしても、人ごとに書き方の工夫があり、勉強になります。ここではどうやったら申請書を見る機会を増やせるかについてのコツを紹介します。

1. 先輩、同僚、知人に見せてもらう
　研究室内であれば申請書を見せてもらうハードルは低いですし、そうでなくとも「書き方の参考にしたいので見せて欲しい。他の人には見せないし、内容も伝えない」旨を言えば、知り合いであれば見せてくれる可能性は高いでしょう。似たような研究をしている場合は「研究遂行能力」や「人権の保護及び〜」の書き方などはとても参考になるでしょう。

2. URAを活用する
　各大学等にあるURA（University Research Administrator）には過去の申請書が蓄積されており、学内限定で閲覧できたりします。そのようなサービスがない場合でもURAは多くの申請書を見ていますので、きっと役に立つアドバイスをくれることでしょう。

3. 報告書を見る
　KAKENや大学図書館では科研費などの成果報告書等が公開されています。研究の背景や問題点の指摘、研究目的、研究計画までは申請書も報告書も同じですので、多くの場合似た表現になり参考になります。

4. ネットを探す
　Google、X（旧Twitter）、Note、YouTubeなどを検索します「｛学振／科研費｝｛公開／書き方｝」などで検索する方法のほかに、科研費や学振の注意書きの文言「」そのままを完全一致で検索する方法も有効です。申請書ファイルをそのままアップロードしている場合は、注意書きで申請書を引っ掛けてくることが可能です。こうして見つけた申請書については科研費.comでも公開しています。

H 申請者の役割

#科研費のコツ **56** 申請者の担当する部分

「申請者の役割」に迷ったらこう書こう

学振のように、共同研究をそれほど前提にしていない場合には、

OK {〇〇〇の部分は〇〇〇が担当するが／その他の大部分は／すべてを}申請者が担当する。

と、研究の大部分を自分自身で行う、と書くのが基本です。科研費でも若手や基盤Cなどは、共同研究者を置かない場合はこのパターンです。

研究分担者を置いて、役割分担する計画の一部を他の人に任せる場合であっても

OK 〇〇〇氏と協力し、〇〇〇を実施する。

のように、「申請者と一緒に」研究する旨を書いておきましょう。研究計画のどの部分を誰が担当するのかがわかれば十分ですので、長く書く必要はありません。

具体例

研究で何をどのように、どこまで明らかにしようとするのか

（1） F. virguliformeのダイズ根組織への侵入様式の特定（田中、澤）

　Fvの感染成立後のシグナル伝達経路については理解が進んでいる一方で、感染成立に至る過程はほとんど理解されていない。…

（8-9）研究計画
代表者・分担者の役割

（2）葉面SDS症状を誘発するFvTox1およびFvNIS1と相互作用するタンパク質の同定（澤）

　Fvの感染成立後のシグナル伝達経路については理解が進んでいる一方で、感染成立に至る過程はほとんど理解されていない。そこで、…

研究体制

研究代表者｜鈴木一郎（〇〇〇大学教授・准教授）　　研究統括

研究分担者｜田中雄太郎（〇〇〇研究所・チームリーダー）　　質量分析および相互作用解析

研究分担者｜Giulia Rossi（〇〇〇大学・教授）　　分光分析

（8-9）研究計画
代表者・分担者の役割

研究代表者はすべての研究の統括を行い、必要に応じて研究分担と一緒に実験を行い、必要なデータを取得する予定である。すでに定期的な打ち合わせを行っている。

科研費｜基盤、若手、スタートアップ

or

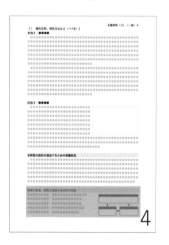

該当する項目：本研究で何をどのように、どこまで明らかにしようとするのか（3、4 ページ目）の見出し部分　or　研究代表者、研究分担者の具体的な役割（4 ページ目）

分量：見出し横　1 行以内

4 ページ目末　5 〜 10 行程度＋体制図

　見出しの横に担当者氏名を入れておくだけでも十分。体制図を入れるのであれば、なるべくコンパクトに。体制図を頑張って書いても費用対効果は悪い。

要素：(8-9) 研究計画｜代表者・分担者の役割、(8-10) 研究計画｜体制図

　代表者と分担者がどこを担当するのかがわかるように書く。

科研費｜挑戦的研究（萌芽）

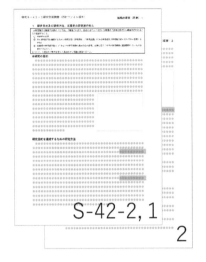

該当する項目：研究目的を達成するための研究方法（S-42-2、1－2ページ目）

分量：見出し横　1行以内

　挑戦的萌芽の場合は書ける分量がとくに少ないので、見出し横に名前を書く。

要素：(8-9) 研究計画｜代表者・分担者の役割

　役割分担について書く場合は、研究計画の中で簡潔に言及する。

学振

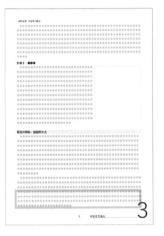

該当する項目：申請者が担当する部分（3ページ目）

分量：3ページ目の最後1～3行程度（該当すれば）

　簡潔に書く。わざわざ見出しを設けるのはもったいないと思うのであれば、研究計画中に組み込むのも可。

要素：(8-9) 研究計画｜代表者・分担者の役割

　「研究のほとんどの部分を申請者自身が行う」といった内容で書く。

「申請者の役割」の要素
(8-9) 研究計画｜代表者・分担者の役割

見出しに書く場合

OK **(1) ○○○の分子機構（佐藤、鈴木）**

　このように、各研究内容や研究計画の見出し部分に続ける形で氏名を書いておけば、聞かれていることについてはおおむね答えたことになります。エフォートを書く欄を見れば所属もわかります。

独立した段落に書く場合

p.115【「申請者の役割」に迷ったらこう書こう】を参照してください。

POINT 役割分担における申請者の自称および役割

自称	役割		
■ 研究代表者	■ {すべて、研究全般}		■ 研究立案
■ 代表者	■ {研究統括、研究の統括}		■ ○○○解析など具体的な担当項目
■ 代表	■ {研究の実施、研究の遂行}		■ 論文執筆（医学系で多い印象）

(8-10) 研究計画｜体制図

　複数の研究分担者や研究協力者がいる場合、それぞれの研究者どうしの役割分担や研究計画全体における位置づけなどがわかりにくくなります。紙面に余裕がある場合には体制図を入れておいてもよいかもしれません（あまりおすすめはしません）。

　ただし、次のような体制図は美しくありません。

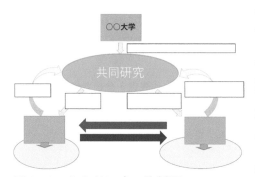

図 2.12　わかりにくい体制図

NG 多すぎる色数（カラーが許される場合はとくに）

NG 何でもかんでも枠囲み

NG 多すぎる矢印

NG 影付き、反射、グラデーションなどの過剰装飾

NG 大きさ、位置、角度、色の不一致、非対称

　研究機関や研究者の間にすべて矢印を引いてしまうと、無駄に複雑になりますし、本当に重要なものが何かがわかりにくくなります。しっかり書き込んだからといって申請書が評価されるわけでもありませんし、そもそも体制図を細かく読み込む人はいません。こうした図を載せる目的は、

■　申請者が中心となって行う研究であること

■　不得手な部分は専門家と協力して進める予定であること

■　すでに研究協力を取り付けており、遂行できる状況にあること

ですので、それらが伝わる範囲で極力シンプルにし、わかりやすくすべきです。

必ずしも書く必要はない

共同研究の場合には、申請者が担当する部分を明らかにしてください。

学振　注意書き

本研究を研究分担者とともに行う場合は、研究代表者、研究分担者の具体的な役割を記述すること。

科研費　注意書き

とあるように、「共同研究の場合には、」「本研究を研究分担者とともに行う場合は、」とわざわざ但し書きがありますので、該当しない場合には断りなく省略が可能です。共同研究ではなく、研究分担者がいるわけではないが、どうしても自分がすべてを担当する旨を書きたい場合でも、研究計画の末尾にでも「これらの計画はすべて申請者自身が実施する」とでも書いておけば十分です。

I 創造性・将来展望

　申請者の研究を進めることで喜ぶのが申請者だけなら、研究の波及効果は極めて限定的といわざるをえません。申請者だけが嬉しい研究よりも他の人も嬉しい研究の方が高く評価されます。

　このように、申請者以外の人たちに対して、これからの研究の方向性や考え方、社会全体に対して良い影響を与える研究は、新たな価値をもたらします。このことを指して「創造的である」「創造性がある」といっています。

「創造性・将来展望」に迷ったら、こう書こう

　「創造性」を言い換えると……展望、インパクト、発展性、この研究が最大限うまくいったとき研究分野や社会がどうなればよいと考えているのか

具体例

本研究の目的および学術的独自性と創造性

●[目的]●●●●●●●●●●●●●●●●●●●●●●●●
●●●●●●●●●●●●●●●●●●●●●●●●●●●
●●●●●●●…

●[独自性]●●●●●●●●●●●●●●●●●●●●●●
●●●●●●●●●●●●●●●●●●●●●●●●●●●
●●●●●●●…
●●●●●●●●●●●●●●●●●●●●●●●●●●●
●●●●●●●●●●●●●●●●●●●●●●●●

　本研究により、ダイズでのみ深刻なSDSが観察される分子メカニズムを明らかにできれば、FvTox1とFvNIS1遺伝子の機能を特異的に阻害するSDS予防薬の開発にも利用可能であり、ダイズの生産性の向上や、農業における環境負荷の軽減に貢献することが期待される。また、同様のアプローチは、他の作物においても応用可能であり、今後の農業における新しい病害予防技術の研究と開発が進展すると期待される。

| (9-3)未来の状況 |
| 社会への影響 |

| (9-2)未来の状況 |
| 周辺関連分野への影響 |

一般化例

OK 研究により〇〇〇が明らかにされれば、〇〇〇｛になる／の基盤になる｝と期待される。

OK 本研究成果は〇〇〇に対する理解を深めるだけでなく、〇〇〇を〇〇〇するための基盤としても活用されると期待される。

科研費｜基盤、若手、スタートアップ

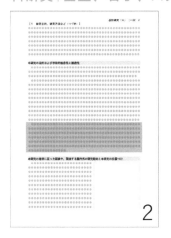

該当する項目：本研究の目的および学術的独自性と創造性（2ページ目）

分量：5〜8行（0.2ページ）程度で1段落

　科研費では、「研究目的」「独自性・妥当性」「未来の状況」を1つの項目として書き、最後の段落にコンパクトに書く。未来の状況（創造性）よりも独自性・妥当性をしっかり書く方がアピールにつながる。

要素：(9) 未来の状況

　当該研究分野・周辺関連分野・社会の中から2つくらいに対して、どのような良い影響を及ぼしうるかを2〜3行ずつ書く。基礎と応用（臨床）、ローカルな効果とマクロな効果のように対比構造をはっきりさせるとよい。

科研費｜挑戦的研究（萌芽）

　明確な該当箇所はありませんが、研究種目の性格上創造性はとても重要ですので、申請書全体を通して説明するよう心がけてください。

学振

　該当なし。どうしても書きたいならば、特色の一部として「このように大きなインパクトをもたらしうる研究を行うことこそが本研究の特色である」のように書きます。

「創造性・将来展望」の要素

　創造性を考えるときには、本研究は、誰（何）に対してメリットをもたらすのか、どのようなメリットをもたらすのか、の2つを考えるとうまくいきます。自分の研究が自分にとって価値があるのは当然なので、「他の研究者、他の分野、社会に対しても良い影響があることを示してください」と問われていると考えてください。

　本研究が成功したら、同じ分野の他の研究者に対してどのようなメリットをもたらすことができるのか？　を書きます。これを書くことで自分だけが興味があるのではなく、他の人にとっても興味深いものであることを示し、「みんなが喜ぶ研究 ≒ 高い価値を持つ研究」であることを示します。

今回の研究で示す新たな技術・コンセプトは、今後の研究に大きな影響を与える

　学問は時として非連続的に発展します。すなわち、これまでなかった物・できなかったこと・まったく新しい考え方によって、既存の研究に大幅な見直しを迫ったり、まったく新しい方向性が有望であることが示されたりします。

> OK　本研究は〇〇〇による〇〇〇というまったく新しい方法で〇〇〇の実現を目指すものである。すでに〇〇〇は示されており、これまで問題となっていた〇〇〇も解決されているため、これにより〇〇〇の精度を飛躍的に高めることが期待される。
>
> OK　〇〇〇によって〇〇〇を制御するというアイデアは、まったく新しい原理による〇〇〇制御アプローチであることから、現在主流となっている〇〇〇や〇〇〇に加えて、新たな選択肢を提供できると期待される。
>
> OK　この〇〇〇理論は、〇〇〇と比べてより現実を反映していると考えられることから…

議論が割れている問題に決着をつけた

　長年のあいだ議論が戦わされてきた問題に決着をつけることができれば、自分の分野だけにとどまらず多くの分野に影響を与えることになります。とくに、長年ということがミソで、それはこれが重要な問題であること、多くの人が関わっており潜在的に興味を持たれやすいことが担保されているのは大きなメリットです。

> OK　これまで〇〇〇は△△△と□□□の２通りの解釈があり、それを巡ってさまざまな研究がなされてきた [文献]。本研究は、〇〇〇からこの問題に取り組み、おそらく△△△が正しいことを世界で初めて実証した。□□□の根拠とされてきた〇〇〇についても〇〇〇でうまく説明できることから……

今回の研究で開発する技術・手法は他の分野にも適用可能である

　いままでに成されていないことをするわけですから、何かしらの新しいアイデア

や技術があるはずです。そうした考え方や手法は他の分野でも利用できないでしょうか？ この場合、あまり遠い分野を指摘しても現実的ではありませんので、いいすぎないようにします。

OK 本研究で開発する〇〇〇は〇〇〇という特徴を持つことから、〇〇〇や〇〇〇にも適用が可能である。これを利用することで、〇〇〇の理解がさらに深まることが期待される。

OK 本研究のアプローチは〇〇〇や〇〇〇にも利用可能であり……

OK 〇〇〇を〇〇〇という側面から捉え直すことで、〇〇〇や〇〇〇といった解析も可能となると期待される。

┌─ POINT 「他の分野にも適用可能である」の幅は広い ─────

「他の分野」は当該分野の他の研究という場合もあるでしょうし、たとえば生物学分野の他の研究、あるいはもっと広く理学分野の他の研究の場合もありえるでしょうし、産業分野や医療分野のこともあるでしょう。広い分野の全員に影響を与える成果はそんなにはないはずなので、実際には対象を絞って書くことになるでしょうが、なるべく多くの人にポジティブな影響を与えるものである、と書くことが重要です。

今回の研究で得たデータや作ったデータベースは他の分野にも活用できる

研究を進める中で大規模にデータを集めたり、データベースを作ったりすることもあるでしょう。そうしたものは自分の研究そのものや自分の分野の研究を支援するために行うのですが、それらは他の分野の人にとっても有用かもしれません。また、それ単体では価値がなくても、別のものと組み合わせることで価値が生まれることもあります。たとえば、行動データと購買データを結びつけることで、新たなマーケティングが可能になるなどは良い例です。

OK 本研究で得た大規模な遺伝子発現データは、〇〇〇や〇〇〇のための基礎データとしても有用であり、実際にこのデータベースを用いた共同研究も開始している。

OK 本研究では〇〇〇における〇〇〇を網羅的に収集し〇〇〇ごとに分類・整理することから、申請者が着目する〇〇〇以外にも、〇〇〇や〇〇〇といった研究が想定され、本研究分野の進展に大きなインパクトを与えると期待される。

OK 本研究では、同一条件で網羅的に〇〇〇の条件検討を行うことから、得られるデータは機械学習による〇〇〇予測におけるデータセットとして

も活用が可能である。

(9-3) 未来の状況 ｜ 社会に対するメリット

社会からの要請を解決するタイプの研究は、研究の意義を書きやすく社会に対するメリットを強調できます。社会に対するメリットは比較的遠い将来の話になりがちなので、漠然と書くのではなく、ある程度以上の具体性をもって書くとよいでしょう。

OK　本研究が対象とする○○○を標的とした治療法の確立は他の○○○へも応用可能であり、将来的に○○○を見据えた○○○につながることが期待できる。

OK　また、○○○や○○○阻害薬の創薬につながると期待される。また、○○○を○○○させる○○○療法や○○○開発への応用展開も視野に入れた研究の橋頭保となりうる。

OK　○○○や○○○は世界的に使用されている○○○であり、これらの○○○の○○○メカニズムが明らかになれば、○○○だけでなく○○○においても大きなインパクトがある。

書きすぎない・遠すぎない・微妙すぎない

創造性は、将来展望のことですが、論文の考察で書く展望とは異なります。申請書を書いている時点では、まだ結果が出ていないことに対して「こんな結果が出たら（仮定1）、こうなるだろう（仮定2）」と仮定の上に仮定を重ねている状態です。そのため、どんなことでも書こうと思えば書けますので、展望について熱く長々と語っても、大したプラス評価にはなりません。研究が直接的にもたらす良い効果と、5年程度先の効果を分けて書くとよいでしょう。

NG　本研究が完成すれば人類から食料問題は完全に無くなる。

NG　本研究により、50億年後に太陽に飲み込まれる運命にある地球を救える。

NG　本研究によりがんを完全に撲滅することができる。

ここでは、この研究が大きな成果につながりうることを示せれば十分です。自分の研究テーマの価値について、立ち止まってよく考えてみるだけでなく、第三者に意見を聞くなどもして、研究の価値の本質を見誤らないようにする必要があります。

あまり長く書いても、貴重なスペースを消費するだけでよいことはありません。1段落程度6〜8行程度でさっと書いて、書きすぎないようにしましょう。

J 研究環境

#科研費のコツ 59 研究環境で書けることは決まっている

「研究環境」に迷ったらこう書こう

申請書中で提案する研究を十分に遂行できる環境にあることを審査員に説明し、懸念を取り除くためのパートです。形式的に十分でさえあれば大きく差がつくところではないので、書きすぎないようにしましょう。

準備状況と内容的には重複しがちですので、両方を書く場合は、それぞれの役割を事前に明確にしたうえで書き分けるようにしましょう。予備データなどの存在などは研究環境としては書きにくいので着想の経緯、準備状況、研究計画などで書きます。

具体例

研究環境

申請者は、これまで一貫して江戸時代における日本の数学史の研究に取り組んでおり、必要となる参考文献や資料等の多くは揃っている。本研究で新たに解析する資料についても所在を把握しており、すでに閲覧許可を得ている。また、コーパスの分析に使用するデータは十分な量を確保しており、すぐに活用できる状態にあるだけでなく、現在も規模を拡張中である。さらに、アンケートおよび被験者についても協力してもらえることの確約を得ており、必要となる数を確保できる見込みが立っている。

> (10-1)研究の適切性
> 研究環境（有形）

> (10-2)研究の適切性
> 研究環境（無形）

研究環境

本研究は申請者が所属する研究室および医学研究支援部門で行う。レーザーマイクロダイセクションシステム、リアルタイムPCRサイクラー、解析など必要となるものはすべて研究室に備わっているか、共通機器として利用可能である。また、ALSモデルマウスは学内で管理・維持しているため、試料供給のめどは立っている。また、本研究で用いる実験手法は、申請者がこれまでに開発してきた方法を含め十分な経験があるため、遅滞なく研究に取り組むことが可能である。レーザーマイクロダイセクションは支援部門技官の鈴木、遺伝子発現解析は共同研究者の田中の協力を得て進める。

> (10-1)研究の適切性
> 研究環境（有形）

> (10-2)研究の適切性
> 研究環境（無形）

一般化例

本研究の遂行に必要な○○○や○○○、○○○、○○○は十分に揃っており、

○○○のための施設や設備についても整備されている。また、○○○は ｛共通機器室で／共通利用設備として｝ 使用が可能である。すでに○○○大学の○○○博士との話し合いを進めており、密接に連携して○○○解析を進める体制ができている。

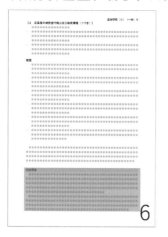

科研費｜基盤、若手、スタートアップ

該当する項目：研究環境（6ページ目）
分量：5〜10行程度
「十分に研究できる」という内容を書いておけば十分なので、いたずらに長く書く必要はない。
要素：（10）研究の適切性
「準備状況」と同じ内容を繰り返して書くことのないよう意識して内容を書き分けるとよい。

「研究環境」の要素

（10-1）研究の適切性｜研究環境（機材・資料・施設・材料など有形のもの）

- ■ 研究の遂行に必要な施設や機器を有している、利用できる環境にある（共通機器など）。
- ■ 最低限必要なもの（機材・材料、協力施設、サンプル・資料など）が揃っている。
  - → 準備状況と被るようであるなら、どちらか一方だけで書くことも考える。
- ■ 材料や方法などで有利な状況である。
- ■ 担当する大学院生、技術補佐員がいる。
  - → 大学院生の参画については若手研究者の育成と絡めて書いてもよいでしょう。

POINT　必要となる機材の購入

基本的には「必要となる研究装置の大部分は利用可能であり問題なく研究を遂行できる」と書くのですが、研究装置や人員は十分であり何も問題がないと書いてしまうと、新たに何も買えなくなってしまいます。

それを避ける意味でも、実際の申請内容に即して買うものを明示しておくとよいでしょう。

OK ○○○については購入後 20 年以上が経過しており、○○○であることから、本申請予算で○○○を新たに購入する。

OK 現有の○○○でも研究は遂行可能であるものの、研究室規模の拡大により、追加で○○○を新たに購入する。

OK 新たに○○○を実施するため、本申請の採択後に○○○を導入する。

OK ○○○という {短い研究期間／困難な課題} において着実に研究を推進するため、○○○を○○○する費用を本申請で計上した。

(10-2) 研究の適切性｜研究環境（知見・実績・研究環境・技術など無形のもの）

■ 実験系を確立している

■ 共同研究者が近くにいる、長い付き合いである

■ 実績がある

■ 共同研究、研究協力の約束を取り付けている

■ 被験者確保の見込みが立っている

■ すでに打ち合わせを始めている、共同研究を開始している

■ 独立して研究できる環境である

■ 組換え実験、倫理委員会など、認可をすでに得ている、審査中であり研究開始までには認可を得られる見込みである

(10-3) 研究の適切性｜アピール

■ 新しく研究室を立ち上げた（物入りであるアピール）

→独立して最初の 1 ～ 2 年は多少強引でもいいので、その旨を必ず書いておきましょう。採択率の上昇が期待できます。「お金が必要である」と直接的に書く必要はなく、単に事実として「独立したてである」ことを伝えるだけで十分です。

■ {公募班員／さきがけ研究者／○○○の代表、etc} として、○○○してきた。
→ 何かアピールできるようなもので、成果を挙げてきたり、基盤を形成したりしてきたのであれば書いておいてもよいでしょう。研究の準備状況でも書くことができます。

K 人権の保護

#科研費のコツ 60 人権の保護で書けることもやっぱり決まっている

「人権の保護」に迷ったらこう考えよう

具体例

　本研究は○○○大学倫理委員会の承認を得ており（承認番号：XXXXXXX）、関連諸法に基づいた学内の倫理規程等に則り実施する。

　事前に倫理委員会で承認の得られた説明文書および同意文書を研究対象者に渡すとともに、研究内容について口頭でも十分な説明を行い、研究対象者の自由意思による同意を文書で得る。

　本研究で取り扱う試料・情報等は、個人情報保護のため、研究責任者が匿名化情報（個人情報を含む）にしたうえで、研究・解析に使用する。個人と符号の対応表は個人情報管理責任者が保管する。

　本研究終了後において、研究で得られた研究対象者試料は、本研究に付随する継続調査・研究に使用することを想定し、研究対象者から同意を取得した場合は破棄せず最大5年間保管する。また、情報の保管期間について、情報を提供する施設および情報を提供される施設は、本研究終了後、長期保存して将来の新たな研究に使用することに同意している場合を除き、原則として研究の中止または終了後少なくとも5年間、あるいは研究結果発表後3年が経過した日までの間のどちらか遅い期日まで保存し、その後、個人情報保護に配慮し破棄される。得られた成果は個人情報保護に配慮し、学会や論文に発表される。

　本研究で実施するアンケート調査から得られた結果は、氏名などの個人情報を削除し匿名化した後に分析を行う。アンケート協力者には、調査実施前に研究目的やアントート結果の利用方法について研究者から十分に説明し、書面で同意を得た上で行う。個人情報を含む書類は必要な年限保存したのち、専門業者に依頼し適切に処分する。

　上記の調査の際には、○○○大学の倫理審査規程に準じて適切に対応する。

該当しない。

　以下の要素をそのまま組み合わせればよいですが、たくさん書いたからといって採択率が上がるわけでもないので、10行弱程度でも十分です。該当しないのであれば、「該当なし」と書くだけで十分。

学振	科研費｜基盤（C）	科研費｜挑戦的研究（萌芽）
 **5**	 **7**	 **S-42-2, 4**

該当する項目：人権の保護及び法令等の遵守への対応

学振 PD（5 ページ目）、基盤（C）（7 ページ目）、挑戦的研究（萌芽）（S-42-2、4 ページ目）

分量：0.3 〜 1 ページ程度

「該当なし」以外の場合は、必要最低限の分量は書く。

要素：（10 − 4）研究の適切性｜人権の保護・法令等の厳守

　似たような研究を行っている他の人の書き方を真似るのがもっとも手っ取り早い方法。

「人権の保護」の要素

研究計画の遂行において人権保護や法令等の遵守が必要とされる研究課題については、関連する法令等に基づき、研究機関内外の倫理委員会等の承認を得るなど必要な手続き・対策等を行った上で、研究計画を実施することとなります。<u>このため、審査の評価項目として考慮する必要はありません。</u>

参考　審査における評定基準等

とあるように、「人権の保護及び法令等の遵守への対応」は直接の評価項目ではありませんが、あまりにも分量が少ないと印象は良くありません。必要最低限の分量（5 〜 10 行程度）は書くようにしましょう。同分野で採択された同僚や知人、先輩、上司などに申請書を見せてもらい、真似するのが早いかもしれません。

（10-4）研究の適切性｜人権の保護・法令等の遵守

個人情報の取り扱いに配慮する必要がある研究

- ■ 協力者には、調査実施前に研究目的や結果の利用方法について、研究者から十分に説明し、書面で同意を得たうえで行う。
- ■ 参加の有無によって不利益や危険が生じないこと、匿名化を厳重に行うこと

により個人情報が保護されること、研究のいかなる時期においても、参加の撤回の自由を保障することを確認し、書面にて同意を得たうえで実施する。

■ 本研究において実施する調査に関し、参加者は自身の意思でいつでも調査の中断や不参加を表明することができる。

■ 調査の際には、〇〇〇｛大学／会｝の「〇〇〇｛ガイドライン／規則／規程｝」に準じて対応する。

■ 氏名などの個人情報を削除し、匿名化した後に分析を行う。

■ 測定データはナンバリングあるいは記号化して匿名として扱い、研究に必要な個人データを取り扱えるのは研究代表者のみとする。

■ 解析結果の公表に際しては、個人情報の漏洩防止に配慮する。

■ 個人情報を含む書類は必要な年限保存した後、専門業者に依頼し、適切に処分する。

■ 取得した個人情報または保有個人情報が記録されている媒体が不要となった場合は、当該個人情報の復元または判読が不可能な方法により、情報の削除または媒体の廃棄を行う。

■ 本研究により収集したデータの外部への持ち出しは原則禁止とし、研究代表者が所属する機関の施錠可能な場所で、パスワード保護した専用端末において、アクセス権を制限し管理を行う。

■ 被験者情報は、施錠可能な書庫に保存し、電子化された情報はネットワーク未接続でパスワードなどを用いてセキュリティーを高めたハードディスクに保存する。研究終了後は個人情報の連結可能性については速やかに破棄する。

■ 本研究終了後において、研究で得られた研究対象者試料は、本研究に付随する継続調査・研究に使用することを想定し、研究対象者から同意を取得した場合は破棄せず最大〇年間保管する。また、情報の保管期間について、情報を提供する施設および情報を提供される施設は、本研究終了後、長期保存して将来の新たな研究に使用することに同意している場合を除き、原則として研究の中止または終了後少なくとも〇年間、あるいは研究結果発表後〇年が経過した日までの間のどちらか遅い期日まで保存し、その後、個人情報保護に配慮し破棄される。得られた成果は個人情報保護に配慮し、学会や論文に発表される。

提供を受けた試料の使用、ヒト遺伝子解析研究

■ 本研究は〇〇〇大学｛倫理委員会／臨床試験審査委員会｝の承認を｛得る予定であり／得ており（令和〇年〇月〇日、承認番号：〇〇〇)}、関連諸法に基づいた学内の〇〇〇に則り行う。

■ 研究においての患者への負担は、患者から余剰検体を収集することで負担は

軽微でリスクも伴わないと考える。倫理的な配慮はなされている。

- 事前に「○○○」で承認の得られた説明文書・同意文書を研究対象者に渡し、研究内容について文書および口頭による十分な説明を行い、研究対象者の自由意思による同意を文書で得る。

- 本研究は、ヘルシンキ宣言に基づく倫理的原則および人を対象とする医学系研究に関する倫理指針に従い実施する。

- 本研究で取り扱う試料・情報等は、個人情報保護のため、研究責任者が匿名化情報（個人情報を含む）にしたうえで、研究・解析に使用する。個人と符号の対応表は個人情報管理責任者が保管する。

- 教育と研究のために献体されたご遺体の使用に関しては、死体解剖保存法と献体法に基づき、○○○大学の○○○氏の指導・管理のもと○○○大学実習室内において使用する。

遺伝子組換え実験、動物実験など

- 組換え DNA を用いた実験は、所属機関の○○○委員会の承認を得たうえで、「遺伝子組換え生物等の仕様等の規制による生物の多様性の確保に関する法律」や「研究開発などに係る第二種使用等に当たって執るべき拡散防止措置等を定める省令」等の関連法規を遵守して実施する。

- 実験の過程で発生した生物汚染の可能性を持つ廃棄物は厳重に管理し、オートクレーブによって完全に死滅・不活性化させた後に廃棄する。

- 本実験内容はすべて所属研究機関において承認済みである（承認年月日：○○年○月○日、承認番号：○○○、有効期間：　〜　）。

- 本研究の関係者は、「研究機関等における動物実験等の実施に関する基本指針（厚生労働省）」、「厚生労働省の所管する実施機関における動物実験等の実施に関する基本指針」を遵守して本研究を実施する。

- 申請研究は「○○○に関する法律」並びに「○○○を定める省令」および、「○○○」および○○○大学の「○○○規程」を遵守して行われる。使用する○○○はこれらの法律、規定などに定められた適切な設備において取り扱われる。

- ○○○を使用する実験は、「○○○に関する法律」および「○○○大学○○○規程」に基づいて実施する。今回の研究内容はすでに承認されているため、研究は円滑に実施できる（承認番号○○○）。

- 外部から提供を受けた研究試料に関してはすでに MTA を締結している。

- ○○○を使用する実験はバイオハザードレベル○○○および○○○にて、○○○ウイルスベクターを使用する実験はバイオハザードレベル○○○および○○○にて、許可された区域内で実施する。

- 動物愛護管理法で定められている動物実験に関する 3R の原則、すなわち、使用する動物数の削減（Reduction）、代替試験法の積極的な採用（Replacement）、苦痛の軽減（Refinement）に、実験者の責任（Responsibility）を加えた 4R に配慮して、研究を計画・実施する。
- 組換え体の不活性化のためのオートクレーブと JIS 規格に準拠したバイオハザード対策用安全キャビネットを適宜利用する。また、組換え体の保管・管理についても専用のディープフリーザーを用いる。
- 動物実験は、〇〇〇大学および〇〇〇学会において定められた動物実験のガイドラインに基づき施行し、〇〇〇大学の〇〇〇委員会の承認を得て行う。

その他

- 〇〇〇での調査に先立って、〇〇〇に相談し、〇〇〇にも事前に研究内容について周知する。
- 〇〇〇との連絡は〇〇〇を通して行う。
- 研究代表者、研究分担者と連携研究者はすべて〇〇〇の研究倫理のカリキュラムを修了している。

該当なし

- 該当なし
- 本研究は人を対象とした研究ではなく、ヒト検体や個人情報は取り扱わない。

L 研究室の選定理由

　学振 PD や海外学振ではなぜその研究室を選定したのかの理由を書く必要があります。こういう理由だから良い・悪いというのはありませんが、あまりにも関連が低い分野（宇宙物理の研究者が中世の貨幣史研究を始めるなど）だと、これまでの専門性が生かせないため、高い評価にはつながりません。また、研究者の流動性の観点から、まったく同じ分野で同じような研究をすることは高く評価されない可能性があります。軸足を申請者の専門分野に置きつつも、もう片方の足を別分野に移すくらいがちょうどよいバランスだと思います。

「研究室の選定理由」に迷ったらこう書こう

具体例

受入研究室を知ることとなったきっかけ、及び、採用後の研究実施についての打合せ状況

　申請者はこれまで、マウスを用いた認知行動学と電気生理学を組み合わせて研究を展開してきた。こうした手法により、○○○の○○○については明らかになった一方で、個々の細胞のふるまいの可視化や因果関係を検証する実験ができないため、神経細胞を実際に計測しながら活動を操作する必要性を強く感じていた。学会発表や論文検索を通じて、こうした研究を行っている研究室を探していたところ、鈴木博士を知った。鈴木博士は△△△や□□□で世界的に有名であり、神経操作の分野で大きな影響をもたらしている。

　鈴木博士に連絡をとったところ、認知行動学にも研究を拡大する予定であることを知り、ここでなら申請者のこれまでの知見や経験を生かしつつ、申請者自身も新たな研究分野に挑戦できると考え、本研究室を選択するに至った。鈴木博士は、学会や研究会で面識があり、すでに、研究室を何度か訪問し、本研究の内容や進め方について打合せをしただけでなく、ZOOM等を活用した議論を始めており、スムーズに研究を開始する準備は整いつつある。

申請の研究課題を遂行するうえで、当該受入研究室で研究することのメリット、新たな発展・展開

鈴木博士の研究室では、行動中の動物における神経細胞を1細胞

(10-4)研究の適切性
研究との関連性

(10-5)研究の適切性
知ったきっかけ
決めたきっかけ

(10-6)研究の適切性
打合せ状況

(10-7)研究の適切性
メリット・意義

レベルで可視化しながら神経活動を計測し、操作する実験手法が確立されており、それらの解析技術においても世界で優位性をもっている。さらに、鈴木博士のもとには生物学以外にも情報学、数学、工学など多様なバックグラウンドをもった研究者が集まっており、申請者の研究を発展させる大きな原動力となることが期待されるだけでなく、ここで形成される人脈は、申請者の研究の継続的な発展に寄与すると考えられる。そのため、こうした環境で申請者が研鑽を積むことで、研究者としてさらなる飛躍が可能になるだけでなく、研究室マネジメントを間近で学べる点でも大きなメリットがある。

鈴木研究室において、細胞レベルでの神経操作と行動神経科学を結びつけることにより、細胞レベルの知見と個体レベルの知見の統合が可能となり、申請者が目指す「細胞から行動までの一気通貫」を体現できる。さらに、情報学等のエッセンスに触れることで、何ができ、何ができないかを知ることにより、適切な共同研究を実施し、研究をさらに大きく飛躍させられると考えている。

一般化例

研究室の選定理由や外国で研究することの意義には大きく2つのパターンがありえます。

知りたいこと、したいことをするためには新しい分野に行く必要がある

これまで申請者は○○○してきた(背景、現在の状況)。しかし、○○○するためには○○○が必要である（そして、それは現在の研究の延長では難しい）(残された課題)。学会や論文で○○○博士の研究を知った(きっかけ)。○○○博士の元で研究することで○○○を実施できると考えた(アイデア)。訪問、打ち合わせ、研究内容についての議論をし、受け入れ許可を得ている(連絡状況)。以上のことから、申請者の研究を進めるうえで最適な研究室である(まとめ)。

申請者が得てきた技術や知見は別の分野でも活用できる

申請者は○○○してきた(背景、現在の状況)。こうした方法は○○○や○○○にも応用可能である(考えられる展開)。学会や論文で○○○分野には○○○といった課題があることを知った(きっかけ)。○○○を利用することで、こうした課題に答えを出せると考えた(アイデア)。訪問、打ち合わせ、研究内容についての議論をし、受け入れ許可を得ている(連絡状況)。以上のことから、申請者の技術・知見を活かすことのできる最適な研究室である(まとめ)。

学振

該当する項目：受入研究室の選定理由（4ページ目）
分量：それぞれ0.5ページ程度

　分量は状況に応じて変更可能だが、どちらも重要なので、極端な配分にならないようにする。
要素：（10）研究の適切性

「研究室の選定理由」の要素

　学振PDと海外学振では注意書きに書かれている内容が微妙に異なりますが、聞かれていることの本質は同じなので、2つを見比べながらその両方を書くとバランスがよくなります。注意書きをまとめると、

- ■ 受入研究者はどんな研究をしていて、その研究は今回の研究計画とどのような関係にあるのか、どうやって知ったのか、受入研究者との意思疎通はできているのか
- ■ 他の研究室ではなくその研究室で研究する必要性やメリット

について書いてくださいという指示です。

（10-4）研究の適切性｜受入研究室での研究との関連性

　申請者のこれまでの研究と受け入れ先の研究室での研究がどう関連しているのかを聞かれています。まずは、申請者がどういった分野でどのような研究をしてきたのかを簡単にまとめます。

　OK **申請者はこれまで、〇〇〇の研究を行い、〇〇〇を明らかにしてきた。**

続けて、どのような研究が必要なのかを書きます。

研究が完結しておらず、継続して研究する必要があると考えている

　まず、どういった点が未解明のままなのかを書き、

　OK **しかし、〇〇〇については未解明のままである。**

続けてどうすればよいと考えているのかを書きます。

　ここは研究室の選定理由の話ですから、純粋な研究のアイデアというよりは、

- **OK** これまでの考え方から脱却して新たな｛解析方法／視点｝が必要であると考えた。〇〇〇研究室では、これまでに…
- **OK** 〇〇〇博士が〇〇〇年に開発した〇〇〇を用いれば、この問題に答えを出せると考えた。
- **OK** 〇〇〇にある未公開資料を用いることで、より高い精度での解析が可能になると考えた。

のように、その研究室・研究機関で研究する必要性がわかるように書きます。

研究はいったん完結したと考えている

　これまでの研究で得られた技術やアイデア、知見など申請者の強みがほかにどういったところで活用でき、どのような課題に貢献できるのかを書きます。

- **OK** 〇〇〇は〇〇〇であることから、こうした方法は〇〇〇や〇〇〇にも応用が可能である

続けて受入研究室で行われている研究に関連して、どういった課題に使えると考えているのかを書きます。ここもなぜ新しい研究を行うときにその研究室を選定したのかを書きます。

- **OK** 〇〇〇分野では、〇〇〇が課題となっており、〇〇〇であることから…
- **OK** 〇〇〇博士の研究室では長年〇〇〇に取り組んでおり、〇〇〇を〇〇〇するうえで…

最後に、申請者の研究と受入研究者の研究がどのような関係にあるのかを書きます

- ■ 申請者のこれまでの〇〇〇に関する研究だけからは到達できない〇〇〇の解明に向けて、さらに研究を発展させることができる。
- ■ 〇〇〇に限らず様々な分野の優れた研究者が日々研鑽している場で申請者が研究を行うことで、様々な分野の博識を広め、〇〇〇研究の新たな課題の発見につながる。
- ■ 〇〇〇を〇〇〇する研究スタイルは本研究と深く関連しており、相乗効果が期待できる。

(10-5) 研究の適切性｜研究室を知ったきっかけ、決めたきっかけ

受入研究室を知ることとなったきっかけを書く場合には、

- 学会・研究会で知り合った、発表を聞いた
- 発表された論文・著書を読んだ
- 指導教員が旧知の仲である
- 共同研究者である（であった）
- 申請者が〔用いてきた／用いる予定の〕方法やアプローチの第一人者・開発者である

など、できるだけ申請者が主体的な行動を起こした結果、知ったという感じで書くとよいでしょう。単に紹介してもらった、有名だからだけだと、その研究室である理由がなくなってしまいます。

さらに、受入研究室を知り、最終的にそこで応募しようと決めた理由についても書いておくようにしましょう。

- 〇〇〇であることから、ここでなら申請者の研究を発展させられると考えた
- 〇〇〇するのに最高の環境である

など

(10-6) 研究の適切性｜打合せ状況

受入研究者の下で計画している研究の実施計画について、受け入れてくれるかどうか（席が用意できるか）について書きます。これは、計画している研究を受け入れ研究室では実際にはできない（研究室主催者にその気はない）、席を確保できないなどの不具合がないことを確認するためのものです。

また、本気であればすでに打ち合わせをしているはずなので、それを示すために

- 研究室に赴き、直接議論した（研究室も見学した）
- ZOOM 等で面談し、研究計画について議論した
- 学会等で何度か会い、議論した
- 共同研究共同研究者でありこれまでにも研究内容についての議論をしている
- 指導教員と受入研究室の主催者は旧知の中であり、申請者の研究もよく知っている

など、十分にコミュニケーションが取れていることを示します。どう書いたから正解ということはありませんので、正直に書けばよいでしょう。

(10-7) 研究の適切性｜そこで研究する必要性、メリット、意義

　実際には勤務地など研究以外の価値を重視する場合も少なくありませんが、なぜその研究室を選んだのかについては、個人的な事情はなるべく控え、研究を前に進める理由や研究や社会に対する意義を書くようにしてください。よくある理由・意義は以下の通りです。

- ■　近くに複数の研究機関があり、共同研究を進めやすい環境である。
- ■　研究室の主催者は研究業界の中心的な人物であるため、分野の研究動向を把握しやすく、基礎研究を進めるうえで有利である。
- ■　共同研究施設、サービスが充実しているなど、高いレベルでの研究が可能である。
- ■　研究の最先端であるため、世界中から優れた同世代の研究者が集まっており、多種多様な考え方に触れることのできる点や、共同研究を含めたネットワーク形成に有利である点で優れている。
- ■　ここにしかない独自の資料やデータベース、実験材料、技術、装置にアクセスできるため、研究を進めることができる。
- ■　過去にも日本人の研究者を受け入れた実績があり、問題なく留学に関わる手続きを進められ、スムーズに研究のスタートを切ることができる。
- ■　指導教員の教育には定評があり、申請者の研究を導いてくれる。
- ■　すでに長年の付き合いがあり、研究内容もよく理解してくれている。
- ■　受入研究室が大きな研究プロジェクトに採択されており、そのプロジェクトに申請者が関わることは申請者の研究を進めるうえで有利に働く。

(10-8) 研究の適切性｜研究室の選定理由（最後のアピール）

　科研費は税金が原資ですから、自分の興味を満たすだけでなく、研究分野や社会に対しての貢献があるとなお良いです。

- OK　こうした理由から、申請者は〇〇〇研究所の〇〇〇博士の下で研究を行い、〇〇〇を発展させるための第一歩を踏み出すことを希望する。他国多分野の研究者との積極的な交流やさまざまな視点による新たな課題発見を通じて、〇〇〇分野の発展に貢献したいと考えている。
- OK　このように、〇〇〇研究室が強みを持つ〇〇〇と申請者がこれまでの研究で培ってきた〇〇〇を融合させることで、新たな研究展開が期待できる。また、〇〇〇研究室で得られる知識・技術・人脈を生かして、〇〇〇研究と〇〇〇治療に大きく貢献したい。

余計なことを書かない、必要なことを書く

> **NG** ○○○教授の下で研究させていただく機会を得た

のような謙譲表現はやりすぎであり、もっとシンプルに「○○○博士の研究室で研究する」と書けば十分ですし、

> **NG** ○○○博士は○○○賞を受賞している。
>
> **NG** ○○○博士の研究室から世界的な研究者が何人も輩出されている。

だけだと、「すごいのは研究室の主催者あるいはそこで頑張った他の研究者らでは」と言われかねず、申請者がその研究室を選ぶ理由としては物足りません。

> **OK** ○○○博士はすぐれた指導者に与えられる○○○賞を受賞していることから、最適な研究指導を受けることができると期待できる。
>   →欲をいえば自ら学ぶ姿勢を前面に出して欲しいところ。
> **OK** ○○○博士の研究室から世界的な研究者が何人も輩出されており、こうした卒業生によるネットワークは申請者が今後、この分野で活躍するうえで役立つと期待される。

のように、理由までセットで書いてあると研究室を選定する理由としては納得がいきます。

研究遂行能力・業績

「研究遂行能力・業績」に迷ったらこう考えよう

　p.108 で述べたように、研究内容の優劣がつけがたい(がん研究と糖尿病研究の比較)のであれば、提案した計画を着実に遂行できる人に任せたいと考えるのは自然なことです。つまり、**「他の研究者ではなく、申請者を採用すべきだと主張する根拠を教えてください」**という質問をされているということです。これに対して、論文や講演、著書など、これまでに専門家として実績を残してきたことを具体的な根拠とともに示すことができれば、申請者の主張に説得力が生まれます。

　ちなみに学振では「研究遂行力」、科研費は「研究遂行<u>能</u>力」になっています。

具体例

これまでの研究活動

　申請者はこれまで、神経科学の分野において免疫組織化学染色・in situ ハイブリダイゼーション、定量RT-PCRや培養系などの実験手法を用いて、感覚ニューロンおよび運動ニューロンの神経回路形成の分子メカニズム解明を目指し、Transcription factor AのTFAと Transcription factor BのTFBが特定のニューロンサブタイプの分化や軸索投射を制御することを明らかにしてきた(業績1、3-5、他2本)。この研究によって明らかにされた神経回路形成機構は、本研究で目指す神経変性や神経再生全般にとっても有用性が高い。さらに、皮膚感覚ニューロンが変化しているTFAヘテロマウスで協調運動の向上が見られ、感覚の変化が運動制御に影響する可能性を強く示唆している(業績2)。

　さらに、申請者は脊髄の運動ニューロンと筋の神経ネットワークに着目し、ALSモデルマウスを用いて発症前の早期変化を特定する研究を行ってきた。これまでの一連の解析により、運動ニューロンの障害のされ方が支配する筋によって異なることが明らかになった。特に前脛骨筋(速筋)を支配する運動ニューロンは早期から脱神経を起こし、特異的にマーカー分子の発現が減少することを報告し(業績7)、前脛骨筋とヒラメ筋を支配する異なる運動ニューロン群の周囲の毛細血管密度の違いも明らかにした(業績4)。これらの研究で使用した実験手法には、申請者が強みとする運動ニューロンや神経筋接合部の1分子免疫染色が含まれており、本研究においてもこれらの手法を使用する予定であり、円滑かつ高いレベルでの研究遂行が可能である。

原著論文

1. Okamoto H, Watanabe M, Ito Y, Nakayama K, Oshima K, <u>Suzuki T</u>. Efficacy of Titration-Dose Zoledronic Acid for Osteoporosis: A Randomized Controlled Trial. *Osteoporosis International*. 33(4): 803-811, 2023.

2. Kimura S, Park J H, **<u>Suzuki T</u>**, Nakamura K, Yamamoto M, Mori K, Sato A. The Association between Metabolic Syndrome and Aortic Arch Calcification in Japanese Men. Journal of Atherosclerosis and *Thrombosis*. 28(2): 171-178, 2023.

3. **<u>Suzuki T</u>**, Wang Q, Guo X, Zhang Q, Nakayama K, Oshima K, Ito Y. The Efficacy and Safety of Biologic Agents for the Treatment of Refractory Rheumatoid Arthritis: A Meta-Analysis. *Clinical Rheumatology*. 41(2): 389-400, 2022.

4. Lee J H*, **<u>Suzuki T</u>*** Park J H, Nakamura K, Yamamoto M, Mori K, Sato A. Association between the Mediterranean Diet and Risk of Colorectal Cancer: A Meta-Analysis. *Journal of Gastroenterology and Hepatology*. 37(3): 501-508, 2021. *Equally contributed

5. LiX, Chen Z, LiuS, **<u>Suzuki T</u>**, Nakayama K, Oshima K, Ito Y. The Association between Vitamin D Deficiency and the Risk of Type 2 Diabetes Mellitus: *A Systematic Review and Meta-Analysis. Journal of Diabetes Investigation*. 14(1): 95-102, 2020.

6. **<u>Suzuki T</u>**, Gonzalez-Moreno E I, Nakamura K, Yamamoto M, Mori K, Sato A. Serum Uric Acid and the Risk of Cardiovascular Disease in Mexican Adults. *International Journal of Cardiology*. 353:46-50, 2019.

7. **<u>Suzuki T</u>**, Park J S, Lee H, Nakayama K, Oshima K, Ito Y. The Relationship between Serum Ferritin Level and Metabolic Syndrome: A Cross-Sectional Study. Diabetes & Metabolic Syndrome: *Clinical Research & Reviews*. 15(4):102206, 2019.

8. **<u>Suzuki T</u>**, Ng C C, Nakamura K, Yamamoto M, Mori K, Sato A. The Association between Chronic Kidney Disease and Frailty in Elderly Singaporeans. *Geriatrics & Gerontology International*. 22(1):94-100, 2018.

9. **<u>Suzuki T</u>**, Zhang W, Zhang T, Nakayama K, Oshima K, Ito Y. The Relationship between Red Blood Cell Distribution Width and the Severity of Coronary Artery Disease: A Systematic Meta-Analysis. *Angiology*. 73(3):276-285, 2018.

10. **<u>Suzuki T</u>**, Tanaka Y, Nakamura K, Yamamoto M, Mori K, Sato A. Clinical Characteristics and Prognosis of Elderly Patients with COVID-19. *Journal of the American Geriatrics Society*. 70(3):573-578, 2015.

他3件

国際学会での招待講演

<u>Suzuki T</u>, Yamada K, Takahashi M, Li M. Unraveling the Mysteries of Myosin: Insights from Interdisciplinary Approaches. 25th International Biophysics Conference, Paris, July 2023.

他、国内での学会の招待講演3件

受賞

2023年度　国際生物物理学会　奨励賞

科研費｜基盤、若手、スタートアップ

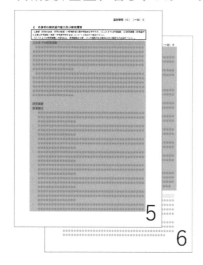

該当する項目：これまでの研究活動（5、6 ページ目）

分量：2 ページ弱

「研究環境」をまず書き、残りで業績リストを書いて、残ったスペースでこれまでの研究活動（とくに解説したい行政）を書くと分量をコントロールしやすい。

要素：(11) 申請者の優位性

　業績リストはなるべくキッチリ埋めて余白を作らないようにする。すべてを書こうと極端に小さい文字で書く人もいるが、読みにくくなる。フォントサイズや行間は基本的には統一すべきだが、業績リスト部分は小さめのフォント、詰まり気味の行間にすることも検討する。

科研費｜挑戦的研究（萌芽）

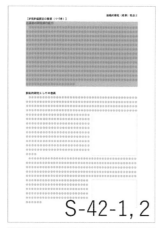

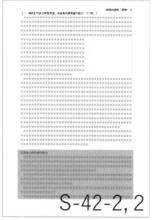

該当する項目：応募者の研究遂行能力（S-42-1、2 ページ目）

応募者の研究遂行能力（S-42-2、2 ページ目）

分量：1/4 〜 1/3 ページ程度

　挑戦的研究における業績リストは非常に重要。（多少古くても）申請者の研究遂行能力がわかるようなものを挙げるようにする。本文中の引用文献で自らの論文を太字で強調するなど、スペース不足を補うような工夫も考えたい。

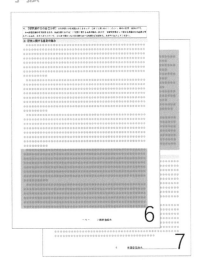

該当する項目：研究に関する自身の強み（6、7ページ目）

分量：1ページ弱

　前半部は「自己分析・自己 PR」ですが、後半部に研究遂行能力の証明として業績を書く。論文や（報告する価値のある）学会発表等の数によって分量は変更可能。業績一覧を見やすく書くと審査員も評価しやすい。

要素：（11）申請者の優位性

　単純な論文や学会発表、著書、特許以外にもさまざまなものを業績リストに書くことができる。研究遂行能力の証明として使えるかを自問しながら、なるべく広い視野で書く。

「研究遂行能力・業績」の要素

　以前は論文や著書、国際会議での発表など、いわゆる研究業績を書くことが求められていましたが、最近では、研究業績の捉え方の自由度が増しています。とはいえ、結局のところは論文などの研究業績を中心にアピールできるところを書くという点で本質は変わっていません。

（11-1）申請者の優位性｜これまでの研究活動

　単なる業績の紹介ではなく、「もっと広い視点から申請者の研究遂行能力（なぜ申請者ならこの研究を完遂できるといえるのか）を証明してください」ということですから、業績リストを載せるだけでは不十分であり、**そうした業績からなぜ申請者に研究遂行能力があるといえるのか**について、申請者自身が説明することが必要です。かといって、研究成果の細かい部分を説明することが、申請者の遂行能力の証明になるかは微妙なところです。

　申請者の研究遂行能力を示すために書くべき内容の基本は以下の2つです。

研究成果の意義を書く

　「こんな結果を得た」「こんなことをした」と細かいところまで書いても、分野外の審査員にとってはそれがどれくらいすごいことなのかわかりません。そのため、何をしたかそのものではなく、何かをした結果どうなったのか、その結果はどのような意義を持つのかを書く方が研究の価値を評価してもらいやすくなります。

- これにより、長年の問題であった〇〇〇に答えを出した
- 〇〇〇を明らかにし、〇〇〇への基盤を整備した
- 〇〇〇という新たな概念を提唱した

第三者による評価を書く

いくら「私はすごい」と言ったところで話半分に割り引かれてしまいます。他からも高く評価されているのであれば、審査員を説得しやすくなります。

- 学会等で受賞した（最優秀〇〇賞、ポスター賞、年間〇〇〇賞など）
- 修士論文・博士論文などが高く評価された
- 雑誌の表紙に選ばれた
- 被引用回数などの客観性の高い指標で評価された
- 大きな反響があった
- 招待講演を受けた
- さきがけ、AMED、学振などに採択され研究してきた（選考をくぐり抜けた）

パターン1　代表的な論文2つ程度をピックアップし、それらについて詳しく書く

OK 申請者は〇〇〇を〇〇〇することで、〇〇〇が〇〇〇であることを世界で初めて明らかにした [引用文献 or 文献リスト中の文献番号]。こうした結果は、従来の〇〇〇という考え方を根底から覆すものであり、〇〇〇の必要性を強く示すものとなった。

のように、3〜4行程度で1つの文献を扱います。

メリット：ある程度詳しく説明できるので、申請者の研究遂行能力や研究の質についての説明がしやすい。高インパクトな雑誌に掲載された場合におすすめ

デメリット：メインは業績リストなので、扱える論文数はせいぜい2つ程度

パターン2　主要な論文を一通り含む形での業績紹介文を書く

OK 申請者は〇〇〇を開発し [引用文献]、これを用いて〇〇〇の〇〇〇を行った [引用文献]。得られた〇〇〇を解析した結果、〇〇〇であることを世界で初めて明らかにした [引用文献、引用文献]。こうした結果は、〇〇〇の〇〇〇や〇〇〇といった共同研究員も発展している [引用文献] 従来の〇〇〇という考え方を根底から覆すものであり、〇〇〇の必要性を強く示すものとなった。

メリット：申請者が行ってきた研究を一通り説明できるので、この分野でしっかり

と頑張ってきたことがアピールしやすい。ある程度まとまった数の論文を出版している場合におすすめ。

デメリット：一つひとつの記述はかなり薄くなる中で、文献リストを見ただけではわからない情報をいかに盛り込むかを考える必要がある。書いてもアピールにならないことも。

(11-2) 申請者の優位性｜業績リスト（主要項目）

　研究遂行能力と名前を変えたものの、メインは従来通り研究業績です。研究業績として書く内容は主に以下の通りです。内容もさることながら、ある程度は紙面が埋まっていることが重要であり、文章で説明するよりも箇条書きで整理する方が評価されやすくなります。

- ■　学術雑誌に発表した論文
  - ・申請者以降を省略する場合は、〇名中〇番目などと書く
    例）Tanaka K, Takahashi D, **Uno S** et al.,（12 人中 3 番目）
  - ・責任著者（Corresponding author, Co-corresponding author）や共筆頭著者（Co-first author）であることを明示するかどうか
    例）〇〇〇 and ***Nakagawa D**. *Corresponding author
- ■　著書
- ■　総説・紀要
- ■　招待講演
- ■　国際学会での発表
- ■　国内学会での発表
- ■　特許
- ■　受賞歴

　多くの場合、上記の業績項目ごとに見出しを立てて、**新しいものから古いものへと箇条書きにし、通し番号をふります**。見出しを超えて連続した通し番号にするかどうかはさまざまです。

(11-3) 申請者の優位性｜業績リスト（その他）

　業績リストから研究遂行能力へと変わったことの最大のメリットは、これまでは書きにくかった内容も申請者の研究遂行能力の証明として書けるようになったことです。たとえばアウトリーチは業績リストにはなかなか書きにくいですが、広い意味において研究成果の社会発信は重要な研究遂行能力ですので書いておいてもよいでしょう。海外学振の場合は TOEIC の点数でもよいかもしれません。メインの業

績リストと比べると重要性は低いので、紙面に余裕があるときに余白調整として書くくらいでも十分です。

- シンポジウムや研究会の企画（主体性）
- 学業成績
- 公募班での参画歴や共同研究歴
- メディアでの紹介歴、メディアへの出演歴
- アウトリーチ活動
- 解説記事、寄稿
- 旅費・参加費支援、出版支援、研究費獲得歴など
- プレスリリース、ブログ、SNS で取り上げられた

無理に詰め込まない

　なるべく多くの論文を紙面に載せようと、過度に小さなフォントサイズにしたり、行間をすごく詰めたりする人がいます。その気持ちはわかりますし、論文の数が多いことは評価対象になるでしょうが、可読性の低下とそれに伴う印象の悪化も無視できません。p.205 でも書くように、フォントサイズや行間は申請書全体を通して一定であるべきです。掲載したい項目が多い場合でも、主要なものを中心に掲載し、それ以外のものについては「他〇〇件」とまとめてしまってもよいでしょう。

　なるべく多く載せるためには、p.206 の詰め込むテクニックを参照してください。

体裁を整える

　文献リストはとくに体裁が不揃いになりやすい箇所です。多少違っていたからといって不採択になったりはしませんが、細部にまで気配りが行き届いていないということは、他にもいろいろと熟慮されていないことを暗に意味します。やる気が出ないときに見直すくらいでもよいので、何度か見直すようにしましょう。

　見直すとよいポイントを以下に列挙します。

- 表記方法が揃っているか（カンマの有無、スペースの有無、氏名の順序）
- 年号の位置やピリオドの有無
- ページ数の表記（123-134、123-34）、ページ数をつなぐ記号（-, –）
- 著者数は何人以上を省略するのか、省略しないのか
- 英語で著者名を書く場合に、and を入れるかどうか
- 巻号や出版月日の書き方
- doi を書くかどうか

どこまでの範囲を業績とみなすか

　以前は過去5年分の業績を書くことになっていましたが、どれくらいの頻度で論文が出るかは研究を進めるスタイルや研究分野によっても異なるため、現在は撤廃されています。

　とはいえ、10年以上前の業績を書いても申請者の研究遂行能力を正しく評価できるとは思えないので、5年前までの論文に加えてどうしても載せたい主力論文については10年以内、くらいが現実的でしょう。

　どれくらい細かいところまでを業績として考えるのかについては、どれくらいの頻度で論文を出しているか、申請者の職階によっても変わってくるので一概にはいえませんが、それほど珍しくもないことまで書く余裕はありません。まずは主要な論文を並べ、必要とあればそれらの説明をしたうえで、残りについては重要な順ということになるでしょう。学振DCやPDであれば国内学会での発表は重要な業績でしょうが、科研費に応募するような研究者であれば、よほどのレベルでない限り書いてもプラスには働かないでしょう。**重要な順に余白がなくなるまで書く**が答えになります。

N　自己分析・自己PR

「自己分析・自己PR」に迷ったらこう考えよう

「自己分析・自己PR」を言い換えると……どこに申請者の強みがあるのか、強みを生かしてどのような研究者になりたいか

学振は業績で差がつかないことが多いので、申請者の「熱い思い」を示す場が設けられています。とはいえ、申請者がどう考えているか、については良いも悪いもなく、こう考えているから採択あるいは不採択、なんてことはありえません。

ある程度の常識的な内容であるならば、いかに論理的に申請者の考えを説明できるか、いかに他の人とは異なるキラリと光るものを示せるかがポイントになります。

具体例

（1）研究に関する自身の強み

主体性と実行力

　私はかねてより現在の研究テーマに興味を持っていましたが、当時の研究室には専門家がおらず、本研究テーマを進めるにあたって先輩や同僚に相談することもできませんでした。そこで、私は自らのアイデアに基づいて本研究計画を着想し、当時は面識がなかった現在の共同研究先に連絡をとって教えを請いに行きました。現在は、共同研究者として一緒に研究に携わるようになり、これによって研究は飛躍的に進展し、昨年度には学術論文の出版と国際学会での発表が実現しました（業績1、4）。

　これは私の主体性と実行力を示すものであり、本研究においてもこうした能力を発揮することで、研究を強力に推進できると確信しています。

発想力と問題解決力

　私が取り組む以前の方法では、○○○を1分子レベルで免疫染色することは難しく、実施例はほとんど報告されていませんでした。私は、神経科学分野以外を含めてさまざまな文献や研究結果を綿密に分析した結果、ゼブラフィッシュの○○○で用いられている方法が、現在の課題を解決できることに気が付きました。まったく異なる生物種での実験手法を新たに導入することは大変でしたが、これにより簡便かつ短時間で1分子レベルの免疫染色が可能になり、私自身の研究が進んだだけでなく、研究室全体の研究を大きく進めることに貢献できました。

コミュニケーション力と支援力

　申請者の所属する研究室では研究テーマが一人ずつ異なっており、お互いがどのような研究をし

ているのか十分には理解できていませんでした。私は、メンバー間のコミュニケーションを活発化させるために学生同士の定期的なミーティングの場を自主的に設け、進捗報告や意見交換を行うなど、情報共有を徹底しました。また、困難な課題に取り組むメンバーに対しては、個別のサポートや気軽に質問できるような雰囲気づくりに努めました。課題解決に向けて、ディスカッションやアイデアの出し合いを促し、相互理解に向けた環境を作った結果、メンバーが互いに支援し合う土壌が生まれ、課題に対する解決策がより多角的に考えられるようになり、研究の質が向上しました。

論文発表

1. Smith, J., Johnson, A., & **Suzuki, T**. (2023). The Effects of Exercise on Cardiovascular Health. *Journal of Medicine*, 45(3), 78-92. 査読あり

2. Johnson, A., Smith, J., & **Suzuki, T**. (2022). The Role of Diet in Preventing Cardiovascular Diseases. *Journal of Nutrition*, 32(1), 45-58. 査読あり

3. **Suzuki, T**., Smith, J., & Johnson, A. (2022). Exercise Prescription for Cardiac Rehabilitation: Current Guidelines and Future Directions. *Cardiology Today*, 15(2), 112-128. 査読あり

学会発表

4. **鈴木太一**、田中太郎、山田健太. (2023). 運動が心血管健康に及ぼす影響. 日本医学学会誌, 45(3), 78-92.

5. 山本健一、**鈴木太一**、田中太郎. (2022). 心臓リハビリテーションのための運動処方：現行のガイドラインと将来の展望. 心臓病学ジャーナル, 15(2), 112-128.

受賞歴

6. 日本○○学会 第50回大会「高タンパク質食の心疾患リスク」若手優秀発表賞、東京、2021年

（2）今後研究者としてさらなる発展のため必要と考えている要素

　独自の視点から研究に取り組むことのできる自身の特性をさらに磨き、世界レベルでの研究者となるためには、語学力と分野横断的な知識が必要だと考えています。現在も、英語論文の読み書きやディスカッションに支障のない語学力（TOEIC890点）ですが、今後、海外での発表や国際共同研究を行うためには、より深い議論をする必要があり、まだ十分な語学力ではないと考えています。さらに、独自の視点は関連分野の豊富な知識に裏付けられるものであるため、関連分野の論文を読むとともに学会への参加、ディスカッションを通じてさらに知識を蓄える必要があります。

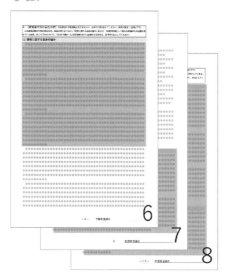

学振

該当する項目：研究遂行能力の自己分析、目指す研究者像等（6、7、8ページ目）

分量：それぞれ1ページ程度

　他の要素と比べて書けるスペースが非常に多い。

要素：（11）申請者の優位性（11-4, 11-5, 11-6, 11-7）

　業績はどんぐりの背比べになりがちなので、自己分析、自己PRでキラリと光るものを見せられるとよい。

「目指す研究者象」の要素

（11-4）申請者の優位性｜研究に関する自身の強み

　学振では自己PRを求められます。学振申請書の注意書きには、次の記載があります。

記入にあたっては、例えば、研究における主体性、発想力、問題解決力、知識の幅・深さ、技量、コミュニケーション力、プレゼンテーション力などの観点から、具体的に記入してください。また、観点を項目立てするなど、適宜工夫して記入してください。
なお、研究中断のために生じた研究への影響について、特筆すべき点がある場合には記入してください。

参考　学振申請書中の注意書き

　この注意書きに従って、多くの人が「主体性」、「発想力」……などを注意書きと同じ順で書くため、あまり差がついていない印象です。そもそも、ここに挙げられている7項目すべてを書くと、一つひとつのエピソードが薄くなるばかりか、あまりにも総花的であり申請者の得意なところがどこなのかが見えにくい文章になってしまいます。

　注意書きにも「……などの観点から」とあるように、これらの項目はあくまでも例であり、必ずしもすべてについて書く必要があるわけではありませんし、これに従う必要もありません。

　まずは3つ4つの項目に絞って深い記述を心がけてください。以下は、書かれ

がちな内容です。別の内容として書けそうな内容もありますが、何を書いたらよい
のか迷う人は参考にしてみてください。別の見方をするとこの辺の内容は被りがち
なので、ひと工夫するかまったく新しいエピソードを書いた方が目立つと思います。

主体性

- 〇〇〇の研究は〇〇〇として、世界的に高い評価を受けた。
- 自身が主体的に｛研究課題を設定した／研究計画を立案した｝。
- 自主的な勉強会を開いている。
- メインの学会以外にも積極的に参加し、｛発表／議論｝した。
- ｛分野外／一般｝の人に自身の研究を伝える活動に取り組んだ。

発想力

- 新しいアイデアや研究アプローチを考えた（それによって結果を出した）
- 他分野での経験・知識が生かされた

問題解決力

- 同僚、先輩、指導教員に対して積極的に相談や議論をし、自ら問題解決に動く
- 新しい技術を独学で習得した
- 自ら解決方策を提案した
- 自力で論文を書き上げた

知識の幅・深さ、論理的な思考能力

- 授業・入試成績が良い
- 数多くの論文を読んでいる
- 他分野の研究者との交流

技量

- プログラミング・統計に強い
- 数理モデルに強い

コミュニケーション力

- 一般講演、サイエンスカフェ等で科学者以外への説明能力を養った
- 若手の会、サマースクール等で議論をした
- 国際学会等で研究成果を発信し、議論した
- 批判的な意見であっても良い意見を柔軟に取り入れることができる
- 高い語学力とそれが生きた経験

プレゼンテーション力

- これまでに〇〇〇回、学会発表を行った
- 国際学会で発表し、英語で議論した
- 大きな場での発表は反響を呼んだ
- 優秀発表賞／ポスター賞などを受賞した

熱意

- 早くから研究室に所属し、研究を開始した
- 指導教員や先輩に質問し、技術等をすぐに自分のものにした
- 学会で積極的に質問する

コミュニティ・社会への貢献、アウトリーチ

- 若手の会の支部長
- 留学生のお世話係を積極的に行った
- メディアへの出演

実績

- 〇〇〇で1位をとった（コンテスト、コンペなど）
- 研究助成、旅費支援を得た
- 論文を発表した

(11-5) 申請者の優位性｜今後研究者として更なる発展のため必要と考えている要素

　申請者が自分の能力をどのように自己評価しているかを書くところです。単に欠点や短所を書いただけではネガティブな印象になります。

　ここで書く内容は目指す研究者像と一致させることが重要で、目指す研究者像（長期）に対して、必要と考えている要素（中期）、特別研究員の採用期間中に行う研究活動の位置づけ（短期）という関係にあります。目指す研究者像に近づくためにはどこを発展させ、どこを克服するのかを明確にしてください。必ずしもオールラウンダーがよいとは限りません。

　「更なる発展のため必要と考えている要素」を書く欄は評価書にもあります。必須ではありませんが、内容を合わせておくと、申請者が課題と思っている点と第三者が課題と思っている点が一致していることになり、正しく自己評価できているとの判断につながるかもしれません。

　今後研究者として必要となる要素を自覚しており、本気で研究者を目指すというのであれば、学振の採択を待たずにすでにそれに取り組んでいるはずです。そうした熱意をアピールするうえでも、必要と考えている要素とそれに向けての取り組みをセットで書ければ最高です。

OK 〇〇〇は〇〇〇であることから、これから申請者が〇〇〇で飛躍するためには〇〇〇が必要である。これに向けて申請者はすでに〇〇〇を開始しており…

(11-6) 申請者の優位性｜目指す研究者像

　どのような研究者を目指すかはひとそれぞれですが、なぜそれを目指すのかの理由は必要です。

　現在の申請書にはありませんが、かつては「研究者を目指すきっかけ」がありました。「本研究に申請したきっかけ」という形で聞かれることもあります。

　この際に、「自身や身内が病気だから」のような個人的な理由は研究者を目指すきっかけとして書かれがちです。しかし、それだけだと評価しづらく「個人的に興味があるから、知りたいから」では理由になっていません。学術的あるいは社会的に重要であることと申請者の興味が合致しているから、としなければなりません。

- 研究は一人ではできず、一緒に研究する人や後継者を教育することも重要であるため、一流の研究者であると同時に一流の教育者でありたい
- 0→1のアイデアを生み出せるゲームチェンジャー
- 未開の研究領域を自ら開拓できる先駆者（先導者）
- 国際的に活躍できる研究者
- {複眼的な／多面的な／多角的な}視点を持つ研究者
- 科学を通じて社会をより良くするための具体的な行動を伴う研究者

　また、「基礎と応用・臨床・社会実装の両方ができる研究者を目指す」、「〇〇〇と△△△の両分野で世界の第一線で活躍できる研究者を目指す」などは書かれがちな内容ですが、現実的な目標設定なのか？　という点は意識しておく必要があります。能力うんぬん以前に、2人分の人生を生きないと到達できないような目標設定には無理があるといわざるをえません。聞かれているのは限られた時間の中でのリソース配分・方向性の話であり、2倍頑張るとか万能になるといった話とは異なります。

（11-7）申請者の優位性｜目指す研究者像に向けて特別研究員の採用期間中に行う研究活動の位置づけ

　どうしても以下のような書き方になり、ほとんど差はつきません。それでもまったく書いていなかったり、あさっての内容を書いてしまうと評価につながりませんので、10 行弱くらいでしっかりと書いてください。

- 目指す研究者像へとステップアップするための〔修練／基盤固め〕の期間
- 失敗から多くのことを学び、研究者として教育者としての基盤を形成するための期間
- 自らの立ち位置を見定め、今後の研究の方向性を探る期間

評価書・推薦書

「評価書・推薦書」に迷ったらこう考えよう

　評価書や推薦書の大原則は、指導教員や受入教員など、客観的に申請者の能力などを評価できる人に書いてもらうことです。しかし、何らかの事情で全部あるいは下書きを申請者自身で書かないといけない場合があることも事実です。また、推薦書を目にする機会は非常に限られているので、他の人がどういった書き方をしているのかわからず手探りであることも多いです。

申請者自身が書く場合（ドラフト含む）

　{申請者しか知りえないこと／推薦者には話していないこと} は避けつつ、現在もしくは過去の他の {研究者／学生} と比較しながら、申請者の優秀さや将来有望であることを説明していきます。たとえば、GPA などは通常知りえないので、それを基に評価するのは不自然です。「〇〇〇だと聞いている」のように伝聞形にするとか、「少なくとも私が担当した〇〇〇については〇〇〇だった」のように範囲を絞るなどの工夫が必要です。または、「成績優秀者に送られる〇〇〇を受賞している」など誰もが知っている情報をもとに書くとボロが出ないでしょう。

　紹介したエピソードが申請者のどういった特性を反映したものであるかをしっかり説明することが重要です。です・ます調で書くことが一般的です。

依頼する場合

　どのような内容を書いて欲しいかを簡単に書いたリストを依頼と同時に提出しておきましょう。とくに申請者が考える自身の強みと評価書・推薦書内での評価の内容が一致していると信憑性が増すので、自己分析・自己 PR としてどういった内容を書く予定であるかを伝えるとうまくいくでしょう。

具体例

（1）研究者としての強み

　申請者である鈴木さんは、いまだ研究が十分ではない成人期における神経可塑性に興味を持っており、その分子メカニズムと意義を明らかにしたいという強い熱意のもと修士課程から私の研究室に配属されました。

　鈴木さんは、学部生時代から起業しオランダやアメリカへの留学経験を持つなど、非常に高い行

動力を持つ学生です。持ち前の行動力を生かして、現在、非常に挑戦的な課題である「神経可塑性と神経発達疾患の関連性」の研究に取り組んでいます。神経可塑性は脳のネットワーク全体の変化に関わるため、ネットワークレベルでの解析が重要であり、脳活動の記録や脳画像法などを活用し、ネットワークレベルでの神経可塑性の変化を捉える手法を開発する必要があるという、鈴木さんの独自の着想により本研究は開始しました。実際、研究をはじめてみるとこれまで私たちが想像していた以上にネットワークレベルでの大きな変化が捉えられ、これまでこの分野に携わってきた研究者が当然と考えていたことを疑問に思う、鈴木さんの着想の素晴らしさを物語っています。また、この着想を実現するために、鈴木さんは持ち前の粘り強さを生かして、まったく新しいネットワーク解析手法を独自に開発することで、より高い精度での解析を実現しました。こうした高い着想力とそれを素早く実行する行動力は高く評価できます。また、寡黙で淡々と研究をこなすタイプでありながら、強いリーダーシップを発揮し、後輩にも積極的に指導しています。これは、鈴木さんが研究者として成功するために必要なリーダーシップやマネジメント能力など、研究以外の側面においても十分な潜在能力を持っていることを示しています。

放射性同位体を用いて植物の栄養吸収メカニズムを明らかにする、という現在の研究分野とはあまり関係のない分野の出身であることから、当初は結果を出せるようになるまで時間がかかるのではないかと危惧していましたが、そうした懸念は杞憂に終わろうとしています。普段から論文や専門雑誌を積極的に読むだけでなく、周囲の同僚や研究者との議論を通じてさまざまな分野の知識を貪欲に吸収することで、私が見てきたなかでもかなり早いスピードで実験をこなしており、将来が非常に楽しみな学生として、大きな期待を寄せています。

このように、鈴木さんの今後の活躍は疑うところが無く、成人期における神経可塑性の分野で重要な研究成果を残すだけでなく、その制御方法や臨床応用まで広く神経科学の進展に貢献してくれるものと確信しています。

（2）今後研究者として更なる発展のため必要と考えている要素

今後、鈴木さんが研究者としてさらに発展するためには、今以上のレベルで洞察力や先見性が必要となると考えています。鈴木さんは非常に真面目であるがゆえに、教科書的な知識と与えられた前提に固執する傾向にあるため、上手く行っているときには問題ありませんが、予想外なことが起こるとそれにこだわってしまい前に進めなくなる時があります。幸いにも、本研究テーマでは予想外な結果もうまく乗り越えていますが、今後も予想外な結果や上手く行かないことは頻繁に起こると考えられますので、そうした時にも振り回されず深い洞察力や先見性を磨くことで、困難の中にも本質を見失わないようにできるようになることを期待しています。こうした洞察力や先見性は豊富な知識に裏付けられると考えているようで、鈴木さんは、関連分野の知識を積極的に取り込んでいるだけでなく、困った時の対処事例などを先輩に聞くなど他人の経験を自分の経験にしようとしており、私はそうした積極的な姿勢を高く評価しています。

また、英語の基礎学力は高く、他の学生以上に論文の読み書きなどはできますので、通常の研究においては困りませんが、鈴木さんが研究者としてさらに発展するためには今以上の高い語学力とそれを基盤にした高いプレゼンテーション能力が必要になると思います。特に、神経科学は多様な研究分野を内包しているため、より高いレベルでのコミュニケーション能力が求められます。○○○大学は留学生も多く、バックグラウンドの多様な学生が多いことが特徴です。鈴木さんは他研究室も含め積極的に英語で議論しておりますので、語学力・コミュニケーション能力は今後ますます伸びることと期待しています。

（3）申請者の研究者としての将来性を判断する上で特に参考になると思われる事項について

　現在鈴木さんは自らが考案したテーマを推進しています。彼女は神経科学の先駆的な研究を世界に先駆けて明らかにしようと考えました。神経細胞が情報を伝達する機構を理解するには、高度な技術を駆使することが求められます。共同研究先である渡辺明研究室では光遺伝学を使用して神経活動を観察していますが、この技術は高度でありながら制約も多く、神経回路全体を解明することが難しく、さらにデータ解析が複雑なため、正確な解釈が難しい可能性がありました。そこで彼女は新たな手法に着目しました。電気生理学は情報伝達を直接記録することができることが知られています。したがって、この手法を組み合わせることで、神経回路の全体像を明らかにできるだろうと考えました。そこで独自の手法を開発し、神経回路の全体像を解明することに成功しました。さらにデータ解析も容易になりました。この手法の工夫はプロジェクトに大きな進展を産んだことから、新たな手法を開拓する力を鈴木さんが有していることを示しています。

　現在、彼女は当研究室の学部4年生の指導にあたっており、その学部生は神経科学を深く理解しようとしています。彼女は自らの提案した研究を進める傍ら、後輩学生の研究指導にも全力を注いでいます。さらに、彼女はティーチング・アシスタントとしても、学部3年生の指導に取り組みました。彼女は優れた指導力を持ち、学生たちからの信頼も厚いです。

　また、彼女は研究室の運営にも積極的に参加しています。研究室の消耗品の発注やセミナーの取りまとめを担当し、常に責任感を持って仕事を遂行しています。彼女の貢献により、研究室の環境が良好に保たれています。

　以上のように、鈴木さんは優れた素質と研究に対する真摯な姿勢を併せ持ち、我が国の学術研究の将来を担うのに十分な人材となりうることから、貴日本学術振興会の特別研究員として強く推薦いたします。彼女の研究実績や指導力は優れており、将来の研究者としての成長が期待されます。

「評価書・推薦書」の要素

（11-8）申請者の優位性｜研究者としての強み

　評価書・推薦書は「〇〇〇だから、〇〇〇力を持っている（から、すごい）」のように、具体的なエピソードを元に能力があることを主張するのが基本です。ここでは、一般的に書かれることの多い能力とそれを示すエピソードとしてどのようなものがあるのかを列挙します。申請者の研究の現状を説明しつつ、それに関わるエピソードから申請者のさまざまな能力を主張していくのが自然な形です。あれもこれもと総花的に能力を列挙するのではなく、ある程度、能力を絞って書く方が伝わるでしょう。

主体性、研究態度

- ■　{研究室内／学会・研究会}での積極的な議論を通じて、何を研究すべきなのかを自ら考え提案してきた
- ■　必要な実験技術を自ら学ぶ姿勢
- ■　疑問点は自ら検証する

- 研究室外でのプレゼンテーションにおいても質疑応答の細部までに答えられている点は、普段から主体的に研究の細部を考えていることの証拠である
- 自らのミスの可能性も含めて、実験の再現性を速やかに検討する姿勢
- 実験は常に思慮深く計画されており、注意深く遂行されている
- ◯◯◯分野から◯◯◯分野に研究内容を変更したものの、異例な短期間で新たな手技を習得し、当研究室の研究スタイルに適応していった
- 新しい実験手法にも積極的に挑戦し、それを完遂できる能力
- 期待に反する実験結果に際しても真摯に向き合ってその原因を究明する科学的な態度
- 大変な実験も淡々とこなしている、粘り強く条件検討をしている

発想力（アイデア）

- 新しい実験アプローチを自ら考案（提案）した

問題解決能力、研究遂行能力

- 革新的な研究に挑戦するうえで多くの問題が生じるが、◯◯◯氏は調べて解決できることは速やかに解決し、技術や材料が足りない部分は自ら考え新たなものを生み出す努力をしている
- 研究初期は研究室の先輩から助言を得ながら進めていたが、すぐに独力で研究を実施できるようになり、今では後輩を指導している
- 筆頭著者で論文を｛（高 IF 誌に）発表済みである／すでに執筆を始めている｝

実績

- 日本学生支援機構の返還免除（候補者）になった
- 学会賞、奨励賞、ポスター賞を取った
- 国際学会で発表した
- 修士論文で優秀発表賞を取った

専門知識・技量

- 研究室として知見の蓄積が少ない分野であったが、自らの勉強により不足分を補っている
- 他の研究グループとの積極的な交流により、知識や技術を吸収し自分のものとした
- 研究を遂行するうえで必要となる新しい技術を独学で身につけた
- 膨大な論文を毎日のように読んでいる
- 新しい発見、発明、主張をし、大きな反響を呼んだ（呼ぶであろう）

コミュニケーション能力、語学力、国際性
- ■ 研究室内、学会・研究会などで積極的に質問し、議論している
- ■ 留学生とも英語で積極的に議論している

熱意
- ■ 修士課程のうちはさまざまな研究に携わり経験を積みたいとの本人の希望により、複数の研究課題に並行して取り組んできた
- ■ 研究室配属時から博士課程への〔進学／研究職〕を希望していた
- ■ 多くの学生が短期的に成果の出やすいと考えられる研究テーマを選ぶのに対して、〇〇〇氏は長期的な視点から研究テーマを選択し、同氏の研究に対する強い信念を感じた
- ■ 早くから研究室に所属し研究を開始した

(11-9) 申請者の優位性｜今後研究者として更なる発展のため必要と考えている要素

申請者がまだ不足している部分、伸ばした方がさらに良くなる部分を書きます。褒めてばかりだと嘘くさいので、スパイス程度に混ぜておくと信憑性は上がります。

- ■ 専門性が足りていないので、研究を通じて身につけてもらいたい
- ■ 国際的に活躍する研究者になるためには、語学力の向上は課題である

ただし一方的に不足している部分だけを指摘するとネガティブな印象になるので、以下のようにフォローしておくと好印象になります。

- ■ 〇〇〇はまだ不十分だが、本人も自覚しているようで、すでに〇〇〇に取り組んでいる
- ■ 〇〇〇についてはさらなる向上の余地があるが、〇〇〇であることから将来性については心配していない
- ■ 〇〇〇については足りていないが、すでに〇〇〇をして克服〔しようとしている／しつつある〕

(11-10) 申請者の優位性｜将来性（まとめ）
- ■ 以上のように、〇〇〇氏は同学年の学生の中でも極めて高い能力を発揮しており、将来の活躍が期待できる
- ■ 〇〇〇君は、幅広い視野と知識をもち、自らの力で新しい分野を切り開くことができるグローバルな研究者になると考えられる。以上より〇〇〇君は

○○○にふさわしいと考え自信をもって推薦する

■　○○○で着実な成果を挙げており、我が国の○○○学に貢献する人材になる
　ものと考えている

評価書における被推薦者の呼称と文体

　「○○○くん（君）」「○○○さん」あたりがもっとも普通の呼称です。「○○○
氏」や「申請者」と書いてある場合もあります。

　評価書は、「です・ます」調で書かれることがほとんどです。「だ・である」調で
書かれたものもありますが、多くはありません。

第3章

申請書のデザイン

　申請書の内容が良ければ評価される、という考えは甘く、申請書の見せ方、読ませ方はとても重要です。極論すれば、内容が普通であっても、美しく作られた申請書はそれなりに読めてしまい、評価されてしまいます。これは、申請書の審査には「読む気になるか」「理解できるか」「評価できるか」と複数の段階があるなかで、読まれない申請書はそもそも内容の良し悪し以前の段階で評価の枠から漏れてしまうからです（図2.1 参照）。

　内容が良いことはもちろんですが、見せ方や読ませ方（これを申請書のデザインと呼ぶことにします）にも同じように時間をかけるべきであり、これらはちょっとした工夫で劇的に改善し、即効性があります。

3.1 節　図表のテクニック

- #科研費のコツ **69** 科研費の審査はカラー対応したグレースケール
- #科研費のコツ **70** 図表はすっきりと豊かに
- #科研費のコツ **71** ラベル名の長い棒グラフは横倒しに
- #科研費のコツ **72** 興味がなくても分野外でも、「理解できてしまう」図にする
- #科研費のコツ **73** 幅いっぱいの図は区切りとして使う
- #科研費のコツ **74** 回り込む文章の読みやすさまで考えて
- #科研費のコツ **75** テキストボックスの余白は削れ
- #科研費のコツ **76** 図の位置

図表の貼り付け・挿入

　いろいろな図表の貼り付け・挿入方法がありますが、PowerPoint で図を作成し、そのスクリーンショットを貼り付ける方法が手軽でおすすめです。Word で複数の図形を扱うと、その後の操作が大変です。

　基本的な Word の使い方が中心ですので、知っている人は飛ばしても構いません。

1．PowerPoint で実際のサイズで図を作成する

　Word に貼り付ける実際のサイズですべての図を PowerPoint で同じように作っておくと、図の大きさや図中文字の大きさを揃えることが簡単になり、美しい見た目になります。図番号と説明文（legend）以外の図中文字を画像にしてしまうことで扱いやすくします。

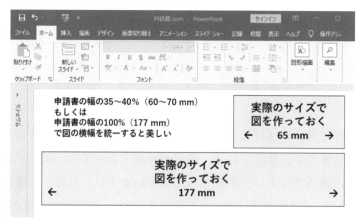

図3.1　図ごとのフォントの種類、サイズを統一する

2.　図として保存、またはスクリーンショットを貼り付ける

　PowerPoint で作った図をそのままコピー・ペーストすると図形のままコピーされてしまいますが、Word では図形を扱いづらく、図を画像として扱う方が便利です。

　「図として保存」で図を保存すると解像度が低くなってしまったり（初期設定では 96 dpi）、グループ化によって意図しない余白ができたりしてしまいます。こうした場合、スクリーンショットを利用することで簡単に十分な解像度な画像を得ることができます。

手順

1.　PowerPoint 上で作成した図をディスプレイいっぱいに拡大して表示する
2.　指定した範囲をスクリーンショットする（Windows なら、切り取り＆スケッチなど）
3.　スクリーンショットした画像を Word に貼り付ける。
4.　図を選択し、［図の形式］タブ →［文字列の折り返し］または［レイアウトオプション］から、［四角形］か［上下］を選択する。
5.　図を選択し、［図の形式］タブ →［サイズ］から幅を整数値で入力する。

　この方法では、図の大きさを完全に同一にすることは困難です。ただし、もともと同一のサイズで作っていた図を同一の倍率で拡大してスクリーンショットを撮るため、図の大きさはほとんど狂いません。高さを変更したい場合は作図からやり直してください。

3. トリミング

Word上でも挿入した図にマージンを設定できるので、図のスクリーンショットを撮る際には余白を設けず、ギリギリのサイズで切り抜く方がよいです。

たとえばWindowsの標準ソフトである「切り取り＆スケッチ」の場合、スクリーンショット後の画面で画像のトリミングを選択し、トリミングを実行し、適用（✓）を押すことで目的を達成できます。

Wordの場合は、図を選択し、［図の形式］→［トリミング］から図形のトリミングを行えます。こちらの方法の場合、トリミングされた部分は表示上見えなくなっているだけで、データとしては残っているのでファイルサイズが大きくなりがちな点は注意が必要です。トリミングした部分のデータを破棄したい場合は、［図の形式］→［調整］→［図の圧縮］→［圧縮オプション］の［図のトリミング部分を削除する］にチェック（✓）を入れることで削除されます。

PowerPointで作った複数の図をまとめてスクリーンショットし、Word上で必要な部分だけをそれぞれ切り取れば、完全に同一の倍率で拡大縮小をすることも可能です。

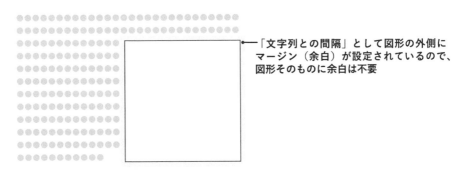

図3.2　図を切り抜いて貼り付ける際には、余白なしがその後の調整をしやすい

図3.3　スクリーンショットソフトの機能でトリミングする（Windowsの切り取り＆スケッチの場合）

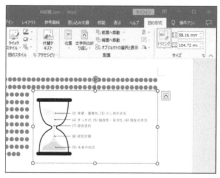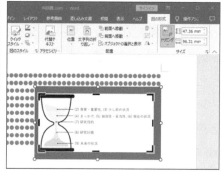

図3.4　Wordの機能でトリミングする

図の挿入位置とサイズ

　申請書の本体はあくまでも文章であり、図は文章を理解するための補助資料です。そのためには、図のサイズはなるべく統一して本文を読みやすくするとともに、黙読の流れを断ち切らないような場所に配置することが重要です。本書では図のサイズを2種類に限定することで、統一感を持たせています。

申請書の幅の35〜40%（60〜70 mm）

　図の横幅が広いと優先すべき本文が短く折り返されてしまい、読みにくくなってしまいます。図の形は比較的調整が効くので、**図の幅を60〜70 mm**で固定して、**申請書の右端**に配置します。こうすることで、行頭だけでなく行末も揃うので、読みやすくなるとともに申請書に統一感が生まれます。

　申請書全体を通して同じ幅の図を用いるのが理想的ですが、最低でも同じページ内の同じようなサイズの図については、幅を揃えるようにしましょう。これだけのことで見た目の改善効果は著しく、非常に効果的です。

申請書の幅の100%（176 mm）

　文章を視覚的に区切ることができる、**横幅いっぱい**の図も効果的です。この場合は**大見出しの最後や段落最後の内容的にキリのよいところ**に配置するとよいでしょう。その分どうしても図の縦の長さを抑えなければいけないので、図の配置や説明文の位置は工夫する必要があります。

図やイラストは申請書用に作り直す

　図を作る際に、論文や教科書からの図をそのまま用いたり、フリーイラスト素材を用いたりする人も多いですが、統一感を生みにくく美しくありません。ほかにも、

- 著作権を考える必要がある
- 異分野の審査員にとって、論文からとってきた英語の図表は理解しにくい
- 申請書を（おおよそ）理解するためにピッタリの図やイラストはほぼ存在しない
- 図中文字の大きさを揃えながら図やイラストの横幅を調節することは難しい
- 論文からとってきた図やグラフの図中文字は小さく読みづらい（読めない）

など多くのデメリットがあります。

　申請書を（おおよそ）理解するうえで必要最小限の情報だけを示す図やイラストを、申請書のためだけに作り直すことのメリットはかなり大きいです。

　表3.1 のように、論文の図と申請書の図は基本的なコンセプトが異なります。とくに情報量の違いには注意してください。作図に必要な元のデータが手元にある場合は、それを用いて申請書用の図表を作り直すことを考えましょう。また論文ほど正確性を要求されるわけではないので、元のデータがなくても極力同じになるようにトレースすればよく、かなり自由に図表を作ることが可能です。

表 3.1　申請書と論文の違い

	申請書	論文
情報量	仕事としてしぶしぶ読んでいるので、必要最低限の情報でよい	知りたくて読んでいるので、情報が多いのは歓迎
理解のしやすさ	論文ほど時間をかけて読まないので、主張をひと目で理解したい	コントロールや検定、網羅性など形式が整っている必要がある
図の大きさ	狭い紙面に押し込むので、図はオリジナルよりも小さくなりがち	サイズが決まっており、編集段階で調節される
カラー	基本はグレースケール	必要であればカラーを選択可能
書き込み	→を書いたり、文字による補足説明を入れたりすることも可能	しない

　細かな図の描き方についてはここでは割愛しますが、PowerPoint を用いる方法が簡単で、トレース、曲線および頂点の編集、パスを開くあたりが使いこなせると作図の幅が広がります。

図の色

【Q2202】 研究計画調書の記載にあたって、強調したい部分にアンダーラインを付したり、カラーの図表を挿入したりすることは構いませんか？

【A】 構いませんが、審査に付される研究計画調書は全てグレースケールでモノクロ印刷されたものになります（国際先導研究を除く）。したがって、あらかじめモノクロ印刷した研究計画調書で確認してから応募されることをおすすめします。

参考　科研費 FAQ（令和 4 年 8 月版）

申請内容ファイルを含む申請書一式はモノクロ（グレースケール）印刷を行い審査委員に送付するため、印刷した際、内容が不鮮明とならないよう留意してください。

参考　特別研究員　申請書作成要領

このように、科研費・学振の申請書はグレースケールで印刷され、審査されることが繰り返し強調されています。FAQ を読むとわかるように、カラーの pdf で申請書を提出することに問題ありませんし、申請書の一部は提出した pdf がそのまま審査員に回されるケースもあるようです。

　このため、最良の戦略は、**グレースケールで印刷されたとしても耐えられることを確認したカラー版の図を用意する**ことになります。ほとんどの場合はグレースケール印刷なので、カラー版が審査される可能性を過度に期待してはいけません。

図中文字

　フォントの種類にもよりますが、8 pt 程度がストレスなく読める下限です。頑張れば 6 pt でも読めますが、老眼になりつつある審査員に対して、本当にそのサイズのフォントで提出しますか？　1 pt は約 0.35 mm なので、「8 pt だと 2.8 mm」「6 pt だと 2.1 mm」の文字の大きさです。

　また、申請書は印刷されて審査員に送付されるので、小さすぎるフォントはつぶれてしまい画面上で見ていた時以上に読みにくくなります。

　印刷したときに読めるかどうか、読む気になるかどうかはとても重要です。読んでもらえないのであれば、書いていないのと同じです。**自分が伝えたいことを一方的に載せるのではなく、審査員に伝わるかどうか、本当に伝える必要があるのかを十分に検討し**、余裕をもったフォントサイズになるように内容を吟味してください。これは本文でも同じです。

　とくに論文の図をそのまま載せる際に、小さくしたために、縦軸の数字や凡例、ラベル等がまったく読めないケースをよく見かけます。

図の説明と引用

審査員は文章を中心に読み進めるので、本文中で図が引用されないと図を見ずに読み進めてしまうことがあります（どのタイミングで図を見てよいのかわからない）。

- 本文中で 1）図番号を指定する、あるいは、2）右図、左図、下図のように図を指定する
- 図の登場順に番号を振る
- 可能であれば、**図を引用した文章のすぐ近く、できれば同じページに図を配置する**（ページをめくって図を見にいくのは大変）

3.2 節　日本語作文の基本テクニック

- #科研費のコツ **77** 普段から本を読め（自戒）
- #科研費のコツ **78** 美しい書き言葉で
- #科研費のコツ **79** シンプルに書こう
- #科研費のコツ **80** 造語は避けよ
- #科研費のコツ **81** 言葉の響きと勢いで書かない
- #科研費のコツ **82** 接続詞の使いすぎに注意
- #科研費のコツ **83** それは漢字で書くべき？
- #科研費のコツ **84** 読みたくなくても頭に入る文章を
- #科研費のコツ **85** 申請書はプレゼンテーションとは違う
- #科研費のコツ **86** （　）による補足説明は黙読の流れを断ち切る

修飾語、句読点

ここで伝えたいのは細かなルールではなく、推敲の際に**「文章のリズムが悪いな、意味が取りにくいな」と感じたら、とりあえず語順を変えてみる、句読点を入れたり減らしたりする、などで文章がわかりやすくなる例は少なくない**ということです。

修飾語の語順

最先端の顕微鏡を用いた解析技術

→最先端の　顕微鏡を用いた解析技術

→最先端の顕微鏡　を用いた解析技術

上記文章はどこで切るかで 2 つの解釈が可能です。このように修飾語の順序によっては誤読がありえるので、なるべく誤読を減らすような語順にする必要があります。この場合だと、「顕微鏡を用いた最先端の解析技術」とすれば、混乱なく読めます。

ここでは即効性のある 2 つのテクニックを紹介します。

長い修飾語を先に、短い修飾語を後に

NG 世界初の　がん患者における腫瘍組織内の代謝産物を網羅的に明らかにするための　メタボロミクス解析

OK がん患者における腫瘍組織内の代謝産物を網羅的に明らかにするための　世界初の　メタボロミクス解析

　修飾語と被修飾語は近くに配置するという原則があるため、「世界初のがん患者」と誤読してしまうと、理解しにくくなります。

大状況を先に

NG 金粒子を用いて　若年層を対象にした　肺がん分野で初めての　免疫染色が行われた

OK 肺がん分野で初めて　若年層を対象に　金粒子を用いた　免疫染色が行われた

　砂時計の話（図 2.3）と同様に、広い話から狭い話へと話題を絞っていく方が理解しやすいです。

句読点のルール

　句読点（とくに読点）についても論理的でわかりやすい文章を書くうえで非常に重要になります。次の例では変な位置に読点を打ったせいで読みにくくなっています。

NG メタゲノミクスを用いて微生物の遺伝子組成と、生態系を解析する

OK メタゲノミクスを用いて、微生物の遺伝子組成と生態系を解析する

　また、次の例では読点の位置によって内容が変わってしまいます。

この研究では最先端の方法を用いて計測されたデータを解析する。
→この研究では、最先端の方法を用いて計測されたデータを解析する。
→この研究では最先端の方法を用いて、計測されたデータを解析する。

　実際に申請書を添削していると、読点が少なすぎてわかりにくくなるケースよりは、読点が多すぎてわかりにくくなるケースの方が圧倒的によく見られます。そうした人の多くは息継ぎのタイミングで読点を打つので、

本研究は、〇〇〇における、△△△に対する□□□の影響を、解明することを、目的とする。

のように文章がぶつ切れになるため、読解に苦労します。

口語表現

口語表現（以下の左側）は右のように表現するようにしましょう。

- 思ったよりも・意外と　→　想定されていた以上に
- 〜という方法
- していく、やる　　　→　する、行う
  - 〇〇〇の研究をやる　　　　　〇〇〇の研究を行う
  - どう変化していくか調べる　　どう変化するか調べる
  - 研究が盛んになってきている　研究が盛んになっている（盛んである）
- なので、だから、　　→　そこで、こうした理由で（から）
- すごい、すごく　　　→　非常に、大変、極めて
- わかった　　　　　　→　理解されてきた、見出されてきた

ら抜き言葉の見分け方

簡便な判定方法として、動詞を Let's…の形（人を誘う形）にした時に「〜よう」とつくものは、可能を意味するときに「ら」が入ります。他にも命令形にして判断するバージョンもあるようです。

見る　　→　見よう　　→　見られる　　→　見れる（ら抜き言葉）
着る　　→　着よう　　→　着られる　　→　着れる（ら抜き言葉）
食べる　→　食べよう　→　食べられる　→　食べれる（ら抜き言葉）

乗る　　→　乗ろう　　→　乗れる
言う　　→　言おう　　→　言える
書く　　→　書こう　　→　書ける

省略可能な言葉・文字がないか見直す

とくに推敲せず思いのままに書くと余計な言葉が入り込みます。話し言葉ではあまり気になりませんが、書き言葉となると、文章の流れを悪くし、スペースを圧迫し、意味を曖昧にするなど、よいことがありません。怪しそうな言葉は抜いてみて意味が変わるかどうかをチェックすることが重要です。

「‐性、‐化、‐的」は漢字の連続という点でも、文章の明快さという意味でも注意が必要です。

・本研究は、スマホの利用時間と学業成績の関係性を明らかにする。
→本研究は、スマホの利用時間と学業成績の関係を明らかにする。
・○○○における代謝と疾患の関係性を明らかとすることを目的として……
→○○○において代謝異常が疾患のリスク因子であることを確かめるため……

ここで「‐性」をとったところで意味はほとんど変わりません。むしろ、余計な「‐性」を入れることで意味が曖昧になってしまっています。また、漢字の連続も読みにくさを助長します。

さらに2番目の例では「代謝と疾患の関係性」という表現が具体的に何を指しているのかがよくわからないため、文章の内容がはっきりせず伝わりません。「関係性」はかなりの人が使っていますが、本当にその接尾辞が必要かもう一度考えてみてください。

「〜について〜する」「〜するもの」「〜すること」

こうした言葉が含まれた文章は多くの場合もっとシンプルに書くことが可能です。

■ そこで本研究では、高校生におけるスマホの利用実態について調査を行う。
　そこで本研究では、高校生におけるスマホの利用実態を調査する。

■ 本研究は、○○○の病態を解明することでQOLを改善することを目的とする。
　本研究は○○○の病態解明を通じたQOLの改善を目的とする。

■ 本研究は○○○の○○○について○○○の立場から明らかにするものである。
　本研究は○○○の○○○について、○○○の立場から明らかにする。
　本研究では、○○○の立場から、○○○の○○○を解明する。

■ 本解析で得られた成果については、積極的に国民へ公開することとする。
　本研究の成果は積極的に公開する。

補足説明や強調を多用しすぎない

かぎ括弧「　」は、通常、会話の文や他の文章からの引用に用いられますが、考

えや観念をはっきり浮き立たせて書くために使うこともあります。また、丸括弧（　）は略号記号のほかに補足説明としても用います。

- 受身の文では「誰がそれをしたのか」、「誰がそう考えるのか」がぼけてしまう。
- イールドカーブのフラット化（長短金利差がなくなること）をもたらし、……

このように、括弧は非常に便利があるがゆえに、多用する人が時々います。しかし、括弧による強調とは、**文章を読む際の視線の流れを意図的に途切れさせることで、そこに視線を留め、内容を強調するという操作**です。すなわち、強調を用いるたびに黙読の流れが断ち切られてしまい、読みにくくなってしまいます。

二重かぎ括弧『　』は、書名を引用するときに用います。また、かぎ括弧の中にさらにかぎ括弧を入れたいとき、後者を二重かぎ括弧にします。

- 『寺田寅彦随筆集』には、…
- 〇〇〇が「科学者としての『心』が大切だ」と言っているように、……

これらも、かぎ括弧の時と同様、使いすぎには注意が必要です。

また、シングルクォーテーション‘　’や、ダブルクオーテーション“　”を強調として使う人も見られます。かぎ括弧に比べてオシャレに見えるからでしょうが、**欧文のための引用符をわざわざ和文で使う必然性はありません**。対応する日本語があるときはそれを用いるのが原則です。

いずれの場合にしても、そもそも、それは本当に強調すべきことなのか、についてまずは考え直しましょう。

漢字・かな・カナ

文書のキーワードとなる名詞を中心に漢字で書き、その他の補助的な用語はひらがなにすることが基本ルールです。しかし、前後のつながりから平仮名ばかり続くと誤解されやすい場合にはあえて漢字に切り替えることも許されます。漢字があっても読みやすさを考慮して、ひらがなで書いた方がよい場合があります。文章全体での統一は必須です。表3.2において、（　）内の表現は控えたほうがよいでしょう。

表 3.2　推奨される表現

代名詞	われ（我）、われわれ（我々）、だれ（誰）、これ、どこ、そこ 漢字でよいもの：私、何
連体詞	ある（或る）、この、その（其の）、わが（我が）
接続詞	あるいは（或いは）、かつ（且つ）、しかし（然し）、ただし（但し）、なお（尚）、ならびに（並びに）、また（又）、または（又は）、および（及び）、ゆえに（故に）、さらに（更に）
助詞	ぐらい（位）、こと（事）、ところ（所・処）、など（等）、まで（迄）
助動詞・補助用言	ようだ・ようです（様）、…という（言）、…である（有）、…でない（無）、…してあげる（上）、…していく（行）、…してくる・なってくる（来）、…にすぎない（過）、…になる（成）、…かもしれない（知）、…してみる・…とみられる（見）、…にあたって（当）
形式名詞	こと（事）、とき（時）、ところ（所）、うち（内）、もの（物・者）、わけ（訳）、ため（為）
副詞	あらかじめ（予め）、いつか（何時か）、おおむね（概ね）、さらに（更に）、すでに（既に）、ぜひ（是非）、どこか（何処か）、なぜ（何故）、ほとんど（殆ど）、なかでも（中でも）
接頭語・接尾語	〇〇など（等）、〇〇ら（等）、〇〇たち（達）、2 年ぶり

ひらがなの連続はやっかい。漢字の連続もやっかい

- これまでこうした研究はほとんど報告されていない。
- この先生きのこるには……

　最初の例では、ひらがなの「は」と「ほ」は字形が似ているため、若干の読みづらさが発生しています。なんとかするのであれば（1）語順を変える、（2）別の表現を模索する、（3）読点を入れる、などの選択肢が考えられます。できる限り（1）や（2）を模索したうえで、どうしても無理なら私は諦めてそのままにしています。ここで何でもかんでも読点を打ってしまうとブツ切れになってしまい、逆に読みづらくなります。

　2 番目の例では、「この先生　きのこ　るには」と読めてしまいます。これは「先生」や「きのこ」という馴染みのある語が連続しているために無意識的にそのように区切ってしまうからです。このケースでは読点を入れ、漢字を使い「この先、生き残るには……」とするのが直接的な改善例ですし、「今後、この業界で残っていくには……」というように言い換えてしまえば、そもそも問題になりません。また、行末の持つ弱い区切り効果を利用する手もあります。

公用文独特の表現

　令和4年1月に文化庁がまとめた「「公用文作成の考え方」について（建議）」[1]
はとてもよくまとまった文章ですので、日本語作文の基礎を見直すうえで一度目を
通しておいて損はないでしょう。基本的にはこれに沿って書けば問題はありません。

3.3 節　わかりやすい日本語作文のテクニック

#科研費のコツ **87** その略号は必要？　　#科研費のコツ **89** 文が長すぎない、短すぎない

#科研費のコツ **88** 内容は極力シンプルに

略号表記

　略号を多用した申請書を読むことがあります（医学系の申請書でよく見かける印
象です）。

> **NG** そこで本研究では、ALS、PD、AD などの神経変性疾患に対する治療法の
> 開発を目的とする。とくに、BDNF、GDNF、NGF などの神経成長因子を
> 用いた治療法の効果を検証するため、DBS、PET、fMRI などの画像診断
> 法や、ALSFRS-R、UPDRS、MMSE などの評価尺度を用いて臨床試験を
> …

　普段の同僚との会話など、背景をよく知っている人たちに向けてはこうした表現
でも問題ありません。略号表記にすると、複雑な言葉や概念をすっきりと表現する
ことができ、スペースが不足しがちな申請書ではつい使いたくなります。しかし、
たとえ略号の説明が初出でなされていても分野外の審査員にとってはなじみのない
単語が頻出するとどうしても黙読の流れはそこで途切れ、理解につながりません。

使用頻度から考えると、略号表記しない方がスペースの節約になる場合も多い

　せっかく略号表記をしても2、3回登場するだけだと、かえって余計なスペース
を使ってしまいます。多くの審査員にとっては馴染みのない略号を使うことは、わ

---

[1] https://www.bunka.go.jp/seisaku/bunkashingikai/kokugo/hokoku/93650001_01.html
1　法令・公用文に特有の用語は適切に使用し、必要に応じて言い換える
例）及び　並びに　又は　若しくは（「公用文作成の考え方」について（建議）P.7）
とあるように、法律関係の文書や公用文書は「及び」「並びに」「又は」「若しくは」などは漢字で書くとされています。
実際、科研費の注意書きも「及び」で統一されています。これは平成22年11月の内閣訓令第1号「公用文における漢
字使用等について」に従った使い方です。
　しかし、本書では「及び」は何かに影響が及ぶ時に使うべきであり、併記の意味では「AおよびB」と書いた方がわ
かりやすいという立場であり、本書では「および」で統一しています。漢字・かな比や漢字を連続させないという原則
から考えても、ひらがなの方が据わりのよい場合が多いと思います。

かりにくさとスペース節約のトレードオフです。多少の節約になる程度であるなら略号表記をやめることも検討すべきですし、そもそも節約になっていないのであれば中止すべきです。

GFP や DNA など常識レベルの略号以外については、少ないほど理解しやすい

略号の多用によりわかりにくくなっている申請書は、登場する要素が多すぎるケースがほとんどです。要素数が多い場合、略号表記の有無にかかわらず理解は難しくなりますので、まずは申請書に登場する要素の数を減らすことを考えるべきです。

対応を明確にする

申請書は、過去の研究や申請者以外の研究と比較したうえで、どれくらい新しいのか・メリットがあるのかを説明することが基本です。こうした対比はさまざまな場面で登場し、典型的な例では、

> **OK これまでの研究は〇〇〇だが、本研究は〇〇〇である。**

といったような表現パターンです。こうした対比を行う際には、比較の前後で表現を揃えると対応関係が明確になり、わかりやすくなります。

> **NG 〇〇〇の寿命は 3 ヶ月である。2 年の寿命を持つ近縁の△△△の存在から…**

> **OK 〇〇〇の寿命は 3 ヶ月と短い。近縁の△△△の寿命は 3 年と長く、…**

> **NG 〇〇〇が増えた結果、〇〇〇が減少した。**

> **OK 〇〇〇が増加した結果、〇〇〇が減少した。**

> **NG 〇〇〇では形成される△△△が、〇〇〇では存在しない。**

> **OK △△△は、〇〇〇では形成されるが、〇〇〇では形成されない**

この例では〇〇〇と△△△、3 ヶ月と 2 年、形成されると形成されないが対比の関係にあります。NG 例では比較の前後で表現や文型が統一されておらず何と何が比較されているのか（何についての話をしたいのか）がすぐにはわかりません。

また、3 ヶ月という期間を短いと思っているのか、長いと思っているのかは文章全体を読まないとわからないため、審査員はこの文章をまず読んで、比較されている対象を見つけ出してから、改めて文章を読まないといけません。

シンプルな内容・表現にする

シンプルな内容とは

　短い申請書の中で理解してもらうためには、出てくる要素の数を減らし（因子名や要素、人名など）、話をなるべくシンプルにする必要があります。シンプルすぎて専門性が理解しづらいという批判も最近になって聞くようにはなってきたものの、シンプルすぎて何がすごいのかを理解できないことよりも、複雑すぎて何がなんだかわからないことの方が圧倒的に多いです。

　もし、どの程度の背景説明をしなければいけないのかに迷ったら、まずは審査員の把握からはじめましょう。科研費の場合には、2年間の任期終了後に審査員名簿が公開されています[2]。

　現在の審査員を予想するのは厳しいでしょうが、過去の審査員が具体的にわかればどれくらいの背景知識を持っているのかはだいたい推察できるでしょう。

┌ POINT デルブリュックの教えふたたび ─

　専門用語はわかりやすく説明しなければなりません。常に以下のことを考えるべきです。

- ■ その専門用語はもっとわかりやすい別の言葉で表現できないだろうか？
- ■ 1回しか登場しない専門用語（略号表記）を使う必要性はあるのだろうか？
- ■ 略号にしてもあまり短くならない単語を略号表記する必要性はあるのか、わかりにくくなるだけではないか？
- ■ 専門用語をもち出さなければいけないほど、複雑な概念を説明する必要があるのだろうか？
- ■ 嘘にならない範囲で内容を大胆にデフォルメした方が伝わるのではないだろうか？

シンプルな表現とは

NG なぜ申請者がこの研究室を志望したのかの理由を以下に述べる。

NG 本研究の独自性としては、…

NG なぜだろうか？それは…

のように、冒頭に余計な言葉がついている文章をよく見かけます。この場合だと、

---

2 https://www.jsps.go.jp/j-grantsinaid/14_kouho/meibo.html

「申請者は○○○という理由から、○○○を志望した」や「本研究は○○○という点で独自である」とすればもっとシンプルに書けます。

　ちなみに、極力まで文字数を減らす努力をすると表現がシンプルになります。それを目指すためにも安易にフォントサイズを小さくしたり行間を詰めたりしてはいけません。

具体的に書く

　曖昧すぎるために、結局のところ何がどうなのかがよくわからない申請書もよく見かけます。シンプルであることと具体性に乏しいことは別の話です。

> **NG** そこで本研究では、社会保障のあるべき姿を模索する。

> **NG** ○○○の検討を行う。

　たとえば、上記の例では「社会保障のあるべき姿」「検討」が曖昧すぎて結局のところ申請者は、何がどうなればよいと考えているのかがまったくわかりません。あるべき姿とはどういったものなのかは人によって考え方が異なるでしょうから、ここでの定義を具体的に書く必要があるでしょうし、どうやって模索するのか、どうなればあるべき姿を模索したといえるのか、などについてもっと具体的に記述すべきでしょう。こうしたケースに該当する時は、申請者自身もよくわかっていないことがほとんどですので、具体的に何をどうするのか、どうなればこの研究はうまくいったといえるのかについて事前にしっかりと考えておきましょう。

3.4 節　ニュアンスを示す日本語作文テクニック

回りくどい表現

　何かを断定するためには、それなりの根拠や覚悟が必要です。しかし、それを避けた表現にすると曖昧で何とも歯切れの悪い表現になってしまいます。

NG 本研究により、〇〇〇に向けた基盤構築のための重要な基礎データの一部を得ることができる可能性が示された。

OK 本研究により〇〇〇を明らかにした。これにより、〇〇〇に向けた基盤の構築につながる。

「本当に『明らかにした』と言い切っていいんだろうか」とか「本研究だけでは必ずしもそうはいえないじゃないだろうか」と考え出すと何も書けなくなってしまいますし、これについてもっともよく知っているはずの申請者自身がそういった態度を示していては、審査員も高く評価することできません。

審査員としては、多少のことには目をつぶってでも言い切ってくれた方が、評価のしようがあります。ただし何でもかんでも言い切ればよいわけでもなく、明らかに根拠不足であったり、それを通り越して嘘であったりと思われれば、今度は一転して評価が辛くなるので、押し引きのバランスは見極めてください。「嘘ではない範囲で強気」が基本的なスタンスです。

また、言い切らないこと以外でも回りくどい表現は見られます。たとえば、以下のような表現はよく見かけます。

NG 以上が、本研究の〔目的／独自性／着想の経緯〕である。

NG 〇〇〇の理由は、〇〇〇だからである。

NG 驚くべきことに（驚いているのは申請者だけであることが大半）

無駄にへりくだらないこと、大げさでないこと

NG 〇〇〇研究室で〇〇〇の研究をさせていただいている。

NG 共同研究者である〇〇〇教授の御協力のもと、〇〇〇における〇〇〇を検証する。

研究環境の説明などで、時々このように書く人がいます。申請書には普通に「〇〇〇の研究を行っている」と書けば十分です。また、2番目の文についても、実際に誰かに話す時などであれば「御協力」でもよいかもしれませんが、ここは、「〇〇〇教授と共同で〇〇〇における〇〇〇を研究する」や「〇〇〇における〇〇〇について〇〇〇教授と共同研究を行う」と書いて十分です。

申請書において敬語を使う心理はわからなくもないですが、読んでいてくどい表

現になりがちです。敬語表現を用いたから、用いなかったからといって評価が変わるわけでもありません。普通で良いです、普通が良いです。

NG この方法は、申請者の極めて独創的かつ柔軟で大胆な発想に基づいたものであり……

→自分の研究を過度に重要であるかのように書く人もいます。こうした誇張表現も自分の内容を客観視できていないと思われるので得策ではありません。

NG しかし、大きな問題が残っている。〇〇〇における〇〇〇が存在していないのである。

　どんなに、「すごい」「新しい」「独創的だ」という言葉を並べても審査員には届きません。そう書くだけならば誰でも可能だからです。どこが、どういった点で、どのようにすごいのかについての説明がなかったり、実際の内容と表現が乖離していたりすれば、客観的な文章とはいえません。

　自己礼賛以外にも劇画調の書き方も問題です。文章を書き慣れていない人ほど、「〜のである」といった大仰な表現を使う傾向にあります。こんなところでドラマティックにする必要はありません。もっと淡々と事実を書いて凄みを出してください。

表現の強弱
強い表現

　何でもかんでも強気がよいというわけではありませんが、強く自信にあふれる表現は魅力的に映るのも事実です。大仰な表現とは紙一重であることを十分に理解したうえで、読み疲れない程度に強気表現を織り交ぜるのは効果的です。申請者が自分自身を信じなければ何も始まりません。

- 世界にさきがけて
- 〜と確信している
- 〇〇〇の研究を新たなフェーズへと導くことができる
- 〜｛と／が｝強く期待される
- に挑戦する
- 本研究は〇〇〇を明らかにする〇〇〇の研究であると同時に、〇〇〇を〇〇〇する挑戦でもある
- 世界をリードする〇〇〇
- 新たな研究（領域）を創造する

弱い表現

- ◯◯◯を明らかに {していきたい／したい}。

    →明らかにするのは申請者なので、できればそうしたい、という表現よりは絶対にそうするんだという強気表現がおすすめです。申請者が「できないかもしれない」と半信半疑であることを第三者である審査員が信じて評価することはできません。申請者の立場としては、「◯◯◯を明らかにする」と言い切ったうえで、その是非については審査員に委ねます。

- ◯◯◯と考えられることが示唆された。

- 〜は◯◯◯の1つであると考えられる。

    →「1つである」と言い切って強めの表現にするか、「1つだと考えられる」のように弱めのニュアンスであったとしても、もっとシンプルに表現します。「1つである」と断定している一方で「と考えられる」とそれを否定するような表現は自信があるのかないのかよくわからず、中途半端な印象です。また、一般的にそうだと考えられている、ということをいいたいのであれば「1つだと考えられている」となります。文末が長い割に主張が弱くまわりくどい印象を与えます。

説得力する表現・期待を持たせる表現

- 申請者らはすでに、…を {見出している／明らかにしている}。
- すぐに {研究／解析} を始めることが可能である。
- 申請者（ら）が {発見／開発} した…
- 申請者は {前期公募班／◯◯◯領域} に参画し、…

　新学術領域や学術変革の公募班では2年ごとに公募を行います。とくに前期から引き続いて後期に応募している、過去の領域から継続して申請している、といった事情を審査員は知りませんので（調べればわかりますが、積極的に調べるモチベーションはありません）、自分でアピールすることが重要です。他の研究費でも同じで、審査員に知っておいてもらいたいことは自分から言わないと伝わりません。

3.5 節　引用文献のテクニック

#科研費のコツ 95 申請書における引用文献

　申請書中において文献を適切に引用することで、研究分野の背景を正しく理解しそれに基づいて計画が立案されていることを示したり、自分の過去の業績をアピー

ルできたりと、多くのメリットがあります。一方で、審査員にはすべての引用文献をチェックしている時間はないので、何かしら書いてあれば十分です。そのため、引用文献は最小限のスペースで記載するようにし、本文や図表を充実させた方が、伝わる申請書になります。

本文中に文献を書く

筆頭著者名（family name）と出版年が最小セットです。これに、雑誌名を含めたり、巻号とページ数を含めたりすると、分量が増えていきます。文献部分が長すぎると、本文を黙読する際に視線の流れが中断されてしまい、内容が理解しにくくなります。なるべく読む邪魔をせず、紙面を節約するという意味から、著者名と出版年のみのスタイルを推奨しています。

ただし、挑戦的研究のように研究遂行能力を書くスペースが限られている場合は、本文中での研究遂行能力のアピールが重要になります。申請者らが発表した雑誌が有名であったりする場合は雑誌名を強調するように**太字**や、*イタリック*、***太字＋イタリック***などを考えてみてもいいでしょう。

- ■ ○○○であることを明らかにした（Suzuki et al., Nature 2018）。
- ■ ○○○であることを明らかにした（Suzuki et al., Nature 45(5): 217-220, 2018）。
- ■ ○○○であることを明らかにした（Suzuki et al., *Nature* 2018）。

一般的には、複数の文献を引用するときには出版年が古い順に並べ、同じ出版年ならアルファベット順に並べます。1つの文のあちこちで文献を引用すると読みにくくなるので、文末にまとめて、カンマかセミコロンで文献を区切るのが一般的です。ちなみに、引用文献は句点の前に配置するのが一般的です。時々逆になっている人を見かけます。

NG ○○○と（Tanaka et al., 2017）○○○が示されている。（Suzuki et al., 2018）そのため…

OK ○○○が示されている（Tanaka et al., 2017; Suzuki et al., 2018）。そのため、…

引用文献は角括弧でもよいかもしれない

また、好みは分かれると思いますが、一般的な丸括弧（ ）で引用文献を括るのに代えて角括弧［ ］で括るのはどうでしょうか？

green fluorescent protein（GFP）[Suzuki et al., 2020] は、○○○であり…

- 略号等も丸括弧で示されるため、文献であることを明示することができる
- 引用文献を本文と同じ大きさで書いてしまうと必要以上に目立ってしまうので、一回り小さくする（本文 11 pt、文献 10 pt）ことで、黙読の際の視線の流れが中断されるのを軽減できる

といった効果が期待できます。

引用文献リストを別に用意する

　主流派ではありませんが、文献リストを独立させるのもよく見かける方法です。本文では、数字を上付きにしてもよいですし、角括弧を用いて [1] のように書いてもよいでしょう。

- ○○○は○○○であることが明らかにされている[1]。
- ○○○は○○○であることが明らかにされている[1]。

　この方法での問題は文献リストをどうするかです。この方法を採用する人の多くは、以下のようにフォントサイズを 6–8pt にして、著者名・タイトル・巻号・雑誌名・ページ等を書いています。

1. Plastics—The Facts 2019 (PlasticsEurope, 2019).
2. Vollmer, I. et al. Beyond mechanical recycling: giving new life to plastic waste. Angew. Chem. Int. Ed. 59, 2–24 (2020). A Review on the different recycling technologies suitable for the reuse or the valorization of plastic wastes in a circular economy perspective.

　さらにスペースを節約するため、2 段組にする、著者全員ではなく筆頭もしくは 3 名までを記載する、タイトルを省略する、などの工夫が考えられます。ただし、審査員がここまで詳細な文献情報を求めているのかについては常に考える必要があり、過去の研究に基づいて立案された計画であることを示したいだけなら、ここまで詳しい情報は不要でしょう。

3.6節　申請書で頻出の Word のテクニック

#科研費のコツ 96 申請書で使えるWordのコツまとめ

　本書では Microsoft 社の Office Word2016 を用いて申請書を作成する場合について説明しています。本書を読むにあたって、まったく同じバージョンを使っている人は問題ありませんが、もっと新しいものや古いものなど多少バージョンが前後することがあるかもしれません。バージョンが変わっても本書の大半の内容は再現で

きるはずですが、古すぎるものや Word 以外の文書作成ソフトを用いている場合は、必ずしも同じ方法では再現できないかもしれません。

　Word では、いくつかの初期設定をしておくとあとの修正が楽になります。申請書の Word 版の様式をダウンロードしたら、まずはこれらの設定を行いましょう。

禁則文字の設定

　特定の文字が行頭や行末にこないようにする処理を禁則処理といい、Word でも「禁則文字の設定」ができます。

ファイル > オプション > 文字体裁
を開きます。

図 3.5

　「標準」「高レベル」「ユーザー設定」の 3 つの設定が可能で、行頭および行末に来ないようにする文字を設定できます。Word の初期設定では「標準」になっていますが、これを「高レベル」に変更しておきましょう。

> **禁則文字の設定「標準」**
> 禁則文字の設定を高レベルにすると、行頭に「っ」などがう
> っかり来ないようになります。

> **禁則文字の設定「高レベル」**
> 禁則文字の設定を高レベルにすると、行頭に「っ」などがうっ
> かり来ないようになります。

勝手に箇条書きにならないようにする

Word で文頭に「1.」や「(1)」を入力して改行すると、意図せず箇条書きに変更されてしまうことがあります。オートフォーマットが不要であれば、設定を変更しておきましょう。

ファイル > オプション > 文章校正 > オートコレクトのオプション > 入力オートフォーマット
を開きます。

「入力中に自動で書式設定する項目」にある「箇条書き（行頭文字）」と「箇条書き（段落番号）」のチェックボックスからチェックを外します。

　これで、勝手に箇条書きになる設定は解除されます。

図 3.6

改ページ位置の自動修正をオフにする

　Word で文章を書いていると、まだ書けるのに段落や行が次ページへ送られてしまい、ページ下部に空白ができることがあります。

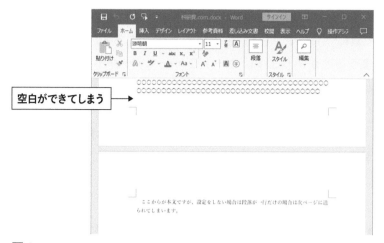

図 3.7

ホーム > 段落 > 右下隅の　（段落の設定）> 改ページと改行
を開きます。

図 3.8

　「改ページ位置の自動修正」にある 4 つのチェックボックスからチェックをすべ
て外します。初期設定では、「改ページ時 1 行残して段落を区切らない」にチェッ
クが入っているので、これを外します。

図 3.9

3.7 節　フォントと修飾のテクニック

#科研費のコツ **97** 強調の使いすぎに注意

　申請書の読みやすさや読んで受け取る印象は、フォント（書体）によって大きく変わります。申請書で用いるフォントは限られており、いくつかの基本的なルールを理解しておくだけで十分です。

太字とウェイトの違い

　Wordでは、「フォント」パネルの B アイコンを押すか、 Ctrl ＋ B や ⌘ Cmd ＋ B のショートカットを押すことで、選択した文字列を簡単に太字に変えることができます。

　Wordでは、フォントの種類を変えることなくただ単に文字の輪郭を機械的に太くしている「偽の太字」ですので、基本的にはどんな種類のフォントでも、太字にすることができます。一方で、いくつかのフォントでは複数のウェイト（文字の太さ）が設定されており、フォントを切り替えることで太字を実現することも可能です。ウェイトが大きくなると、より太い文字になり、こちらは「真の太字」といえるでしょう。

　図 3.10 の②、⑤のように、画数の多い漢字などでは単に輪郭を太くした「偽の太字」の場合には文字が潰れてしまい、読みづらさが発生します。また、横線の細さが特徴の明朝体の場合、単なる太字では横線の太さが目立ちます。ただし、まったく読めないというほどでもないので、通常はこれでも十分ですが、見比べると読みやすさに差はありますので、こだわる場合にはウェイトを変えた文字で太字にするようにするとよいでしょう。

　本文中でウェイトを切り替える場合、同じ種類のフォントを組み合わせて使うのが基本です。異なる設計思想を持つフォントを混ぜるとちぐはぐな印象になってしまいます。

忙しいあなたでも憂鬱に
ならずに書ける申請書の本
①游明朝
あ 鬱 書

忙しいあなたでも憂鬱に
ならずに書ける申請書の本
④ヒラギノ明朝 Pro W3
あ 鬱 書

忙しいあなたでも**憂鬱**に
ならずに**書ける**申請書の本
②游明朝＋太字
あ 鬱 書

忙しいあなたでも**憂鬱**に
ならずに**書ける**申請書の本
⑤ヒラギノ明朝 Pro W3＋太字
あ 鬱 書

忙しいあなたでも憂鬱に
ならずに書ける申請書の本
③游明朝Demibold
あ 鬱 書

忙しいあなたでも憂鬱に
ならずに書ける申請書の本
⑥ヒラギノ明朝 Pro W6
あ 鬱 書

図 3.10

本文は明朝体、見出しは太めのゴシック体

　新聞や小説の本文がそうであるように、まとまった量の長文を読む際には、読み疲れが少ない明朝体が適しています。一方で、チラシや新聞の見出しのように、目立たせる必要のある見出しには太めのゴシック体が適しています。

　おすすめのフォントは、

Mac の場合は、

　　本文：ヒラギノ明朝 Pro W3

　　本文強調：ヒラギノ角ゴ W4（W5, W3 ＋太字）、ヒラギノ明朝 ProW3 ＋太字

　　見出し：ヒラギノ角ゴ Pro W6

Windows の場合は、

　　本文：游明朝

　　本文強調：游ゴシック＋太字

　　見出し：游ゴシック＋太字（游ゴシック Demibold）

が使いやすくて美しいです。とくに游書体は、Mac にも游明朝体と游ゴシック体が最初から入っており、OS が変わってもまったく異なるフォントにならない点で優れています（ただし、Mac には Demibold が入っていません）。ヒラギノ書体はWindows には通常入っていないので、うまく表示されないことを考えると、游書体の使い勝手のよさは際立っています。

　Windows と Mac でともに使える書体としては MS 明朝や MS ゴシックがありますが、あまり美しくなくウェイトも揃っていないので、指定されているとき以外では積極的に使うほどではありません。

ヒラギノ明朝 Pro W3　　　ヒラギノ角ゴ Pro W3　　　ヒラギノ角ゴ Pro W6

図 3.11

游明朝　游ゴシック　游ゴシック＋太字

図 3.12

複数の強調を使わず、基本は太字

　強調とは、下線や太字、枠囲み、網掛けなど他と異なる装飾をすることで、そこに視線をとどまらせることで内容を印象付けるための方法です。

　下線や**太字**あるいはそれらの 組み合わせ など色々な種類の強調を使うと、審査員は「これらの強調の違いには何か意味があるのか？」と余計なことを考えてしまい、内容の理解がおろそかになります。申請書の極意は相手がとくに深く考えることなく申請者の主張を受け取ってくれることですので、変に考えさせることのないよう、「強調とは太字である」のようなシンプルなルールにした方がわかりやすいです。

　通常の強調と**より強い強調**のような独自ルールは理解してもらうまでに時間がかかりますし、明示しているわけでもないので、大抵の場合は申請者の意図通りに働かずうまくいきません。また、複数種の強調を用意すると強調の総数が多くなり、紙面がうるさくなります。

強調の種類

太字明朝体・太字ゴシック体（ウェイトで対応する場合を含む）

　もっともシンプルかつ**一般的な強調**です。本文を明朝体で書いて、強調箇所を太めのゴシック体にするケースがほとんどです。ただし**太すぎる文字**はかえって見づらいので、太すぎるフォントを使わない、大きすぎるウェイトを使わないことが重要です。

網掛け

　大見出しを強調するためによく使われます。本文の強調と見出しがともにゴシック体で書かれている場合、パッと見て区別がつきにくいケースがありますので、見出し部分は**網掛け＋太字ゴシック体**というケースは多く見ます。

一般的には「フォントパネル」の A を押して網掛けすることがほとんどですが、この方法で背景色をつけると文字が入力されていない部分は網掛けされません（図3.13の上段）。それを回避するためには、半角スペースを必要な数だけ挿入して網掛け部分を延ばしたり（図3.13の下段）します。しかし、網掛けの色の濃さを調整できないなど、不便なままです。

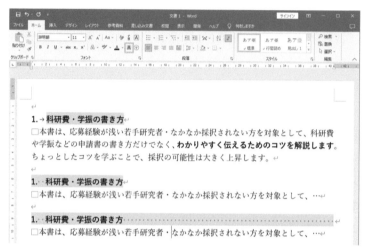

図 3.13

　そこで、本書では別の方法を推奨します。まず、網掛けをした段落を選択し、
ホーム → 段落 → 線種とページ罫線と網掛けの設定　へと進み、
網掛けタブ → 設定対象「段落」、網掛け色（15％他）　とします。

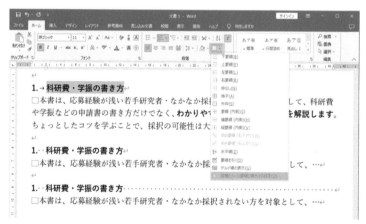

図 3.14-1

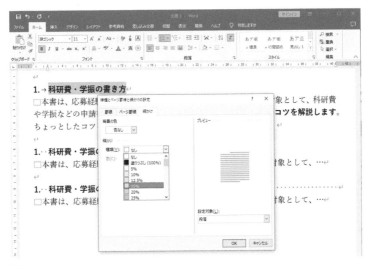

図 3.14-2

この方法では、（筆者の環境では）15％で「フォントパネル」の $\boxed{A}$ と同程度の濃さになり、自由に背景の濃さを設定できます。網掛け部分が薄すぎると印刷時に網掛けが目立ちませんし、濃すぎると文字が目立ちません。網掛けを濃くする場合には文字を白抜きにするなどのパターンがあります。

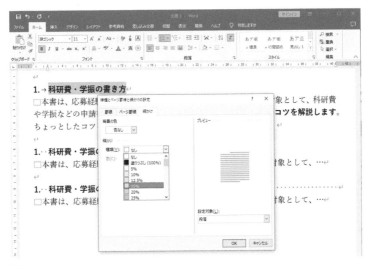

図 3.15

下線、枠囲み、色変え

　下線による強調例もよく見かけますが、単独ではあまり目立ちません。**太字と組み合わせるパターンもよく見ますが**、そうすると紙面がうるさくなってしまい、使い所が難しい方法です。組み合わせるのであれば、太すぎないゴシック体＋下線ぐらいがちょうどよいのではないでしょうか。

　他に、枠囲みも時々見かけますが、この方法も文字と枠が近く、読みづらいため使いどころはかなり限られているでしょう。

　また、科研費や学振は基本的にはグレースケールで審査されるので、文字色の変更による強調をしても、グレースケールで印刷されてしまって色が薄く読みにくくなり、かえって目立たないことがあります。

1ページあたりの数を少なくする

　「過ぎたるは及ばざるが如し」という言葉があるように、多すぎる強調はどこに注目してよいのかわからなくなり効果が薄れていまいますし、黙読の流れが止まるので審査員にとってもストレスがたまります。

　強調とは稀であるからこそ目立ち、価値があることを考えると、1ページあたり数か所までにとどめておくようにしましょう。

太字強調が強すぎると思ったら

　本書では太字（ゴシック体）による強調をおすすめしていますが、強調したところが逆に目立ちすぎてしまって気になる場合があります。大抵は強調の使いすぎなので、強調する文字数を減らす、1ページあたりの強調する箇所を減らすなどが有効です。

　それでも改善しない場合は強調色を黒ではなく濃いグレーにするという手があります。

　図 3.16 のように、濃いグレーだと気にならない程度にソフトな印象にすることが可能です。Word の初期設定だと「黒、テキスト1、白＋基本色 15%」か「黒、テキスト1、白＋基本色 5%」あたりがよさそうです。それより薄くするとさすがに黒に見えず灰色感が出すぎてしまいます。

図 3.16

見出しの太字と区別がつくように

　項目ごとに立てる大見出しや小見出しは強調の対象です。本文の強調とは区別できるようにしておきましょう。ここに挙げた例はあくまでも一例です。

見出し：ゴシック体＋太字、本文強調：明朝体＋太字

　本文中の強調を太字の明朝体で行うのであれば、見出しは太めのゴシック体だけでも十分です。

> **1．当該分野の状況および研究課題の背景**
>
> 　米国の大豆生産における新たな脅威の 1 つに真菌 Fusarium virguliforme によって引き起こされる突然死症候群（SDS）が挙げられる。土壌伝染性のこの病原菌は根に感染し、その後、葉脈間の白化と壊死を特徴とする葉の症状を引き起こす。感染により、早期の落葉、さやの落下、最大で 100%の収量低下を引き起こしている。これまでに、原因菌として Fusarium solani f. sp. Glycines(Fv) が同定され、米国では Fv が唯一の SDS 原因種であることが明らかにされてきた [Rupe et al., 1989]。**申請者も FvTox1 と FvNIS1 という 2 つのタンパク質が葉面 SDS の発生に重要な因子であることを明らかにしてきた。**これらの研究により、SDS の原因となる Fv や関連因子の種類や特性についてはかなり理解が深まっている。

見出し：ゴシック体＋太字＋装飾、本文強調：ゴシック体＋太字

　見出しも本文強調もゴシック体＋太字ですが、見出しに装飾をつけることで本文

強調と区別するパターンです。申請書を書き慣れている人が多く使っている印象です。

---

1. 当該分野の状況および研究課題の背景

　米国の大豆生産における新たな脅威の1つに真菌 Fusarium virguliforme によって引き起こされる突然死症候群（SDS）が挙げられる。土壌伝染性のこの病原菌は根に感染し、その後、葉脈間の白化と壊死を特徴とする葉の症状を引き起こす。感染により、早期の落葉、さやの落下、最大で100%の収量低下を引き起こしている。これまでに、原因菌として Fusarium solani f. sp. Glycines(Fv) が同定され、米国では Fv が唯一の SDS 原因種であることが明らかにされてきた [Rupe et al., 1989]。**申請者も FvTox1 と FvNIS1 という2つのタンパク質が葉面 SDS の発生に重要な因子であることを明らかにしてきた。** これらの研究により、SDS の原因となる Fv や関連因子の種類や特性についてはかなり理解が深まっている。

　網掛け以外にも■や●などの行頭文字を用いて見出しであることを強調する方法もあります。

■ 研究目的

　本研究では、…

　また、見出しの下に空行を入れることで見出しを浮かせることもありますが、余計なスペースを使ってしまうので、個人的には好みません。

見出し：ゴシック体＋太字、本文強調：ゴシック体＋細目の太字＋下線

　見出しも本文強調もゴシック体＋太字ですが、文字の太さを変えることで、見出しと本文の区別をつきやすくしています。さらに、本文が細目の太字であるため、他の部分との違いを明確にするため下線を引くパターンも見られます。

---

1. 当該分野の状況および研究課題の背景

　米国の大豆生産における新たな脅威の1つに真菌 Fusarium virguliforme によって引き起こされる突然死症候群（SDS）が挙げられる。土壌伝染性のこの病原菌は根に感染し、その後、葉脈間の白化と壊死を特徴とする葉の症状を引き起こす。感染により、早期の落葉、さやの落下、最大で100%の収量低下を引き起こしている。これまでに、原因菌として Fusarium solani f. sp. Glycines(Fv) が同定され、米国では Fv が唯一の SDS 原因種であることが明らかにされてきた [Rupe et al., 1989]。<u>申請者も FvTox1 と FvNIS1 という2つのタンパク質が葉面 SDS の発生に重要な因子であることを明らかにしてきた。</u>これらの研究により、SDS の原因となる Fv や関連因子の種類や特性についてはかなり理解が深まっている。

混植

Word では日本語用のフォント（日本語フォント）と英数字用のフォント（欧文フォント）を別々に指定できます。また、英数字用のフォントは「（日本語用と同じフォント）」を選ぶことも可能です。

一般的に、日本語フォントは長い英数字を表現するために作られていないので、英単語が交じるような文章を日本語フォントで書いてしまうとアルファベットの文字間が間延びしてしまうことがあり、そうした場合には英数字用フォント（欧文フォント）と組み合わせて使用する「混植」の方が美しいことがあります。

・日本語用フォント：游ゴシック　英数字用フォント：游ゴシック

QS とは Quality Start の略であり、1985 年にスポーツライターの John Lowe により提唱された。これは先発投手が少なくとも 6 イニングを投げ、ER（Earned Runs ＝自責点）を 3 以下に抑えた場合に達成される指標で、いわゆる「試合を作れた」かどうかを見るのに使われる。

・日本語用フォント：游ゴシック　英数字用フォント：Avenir

QS とは Quality Start の略であり、1985 年にスポーツライターの John Lowe により提唱された。これは先発投手が少なくとも 6 イニングを投げ、ER（Earned Runs ＝自責点）を 3 以下に抑えた場合に達成される指標で、いわゆる「試合を作れた」かどうかを見るのに使われる。

ただし、上の例をみてもわかるように、混植による見た目の違いはほんのわずかであり、ヒラギノ書体や游書体は MS 明朝／ MS ゴシックほど英数字もひどくはありません。よい組み合わせを探すのも大変です。同じフォントを使っていれば、少なくとも見た目の統一感はとれているので、本書では英数字用のフォントは「日本語用と同じフォント」を推奨しています。

むしろ、図 3.17 のように見出しをゴシック体にしているのに英数字部分が Times New Roman などのセリフ体のままであるというようなことがないように、対象となる文字を選択し、単一のフォントになっていることを確認してください。

図 3.17

　たとえば図 3.17 の例では、1 つの文に游ゴシックと Century が混ざって使われています。複数のフォントを含む文ではハイライトした時にフォント名が表示されません。見出しなどをゴシック体にした時に箇条書きの数字部分が明朝体のまま、という例はよく見かけますので、せめて明朝体－セリフ体、ゴシック体－サンセリフ体の組み合わせで統一するようにしてください。

　研究遂行能力や本文文献リストなど長めの英文の場合はさすがに欧文フォントにすることをおすすめします。本文は明朝体で書くことがほとんどでしょうから、セリフ体の Times New Roman や Garamond などをおすすめします。

フォントサイズ

審査においては多数の応募研究課題が審査に付されることを考慮し、本文は 11 ポイント以上（英語の場合は 10 ポイント以上）の大きさの文字等を使用すること。

参考　研究計画調書作成・記入要領（科研費）

① 10 ポイント以上の文字で記入してください。
注釈等の記載も同様です。なお、フォントの種類、行間の高さ等、それ以外の設定に関する規定はありません。

参考　特別研究員申請書作成要領（学振）

研究提案の要旨を A4 用紙 2 ページ以内（厳守）で記述し、10.5 ポイント以上の文字を使用してください（これらが遵守されていない場合、研究提案が不受理となることがあります）。

参考　研究提案の要旨の注意書き（さきがけ）

科研費や学振の執筆要綱にあるように、それぞれでフォントサイズの下限は若干異なっていますが、申請書においては 11 pt が基本です。10.5 pt や 11.5 pt でも構いませんが、情報量と読みやすさのトレードオフを常に意識してフォントサイズを決定してください。もし、スペースが足りないという理由でフォントサイズを小さくするのであれば、まずは、その前に内容を見直すことを強くおすすめします。審査員が求めているのは詳しすぎる説明ではなく、わかりやすい説明です。

また、見出し部分や強調したい部分のフォントサイズを大きくする人が時々いますが、全体のバランス調整が難しくなるので、フォントサイズを変えて目立たせるのではなく、ウェイトやフォントを変えることで強調するようにしてください。

3.8 節 配置と間隔のテクニック

#科研費のコツ 98 テキストボックスの余白は削れ　　#科研費のコツ 99 見出しの前には空行を

テキストボックスの余白（マージン）の設定

図の説明文などは図形の挿入から出せるテキストボックスに書いておくと幅を自由に調節できるので便利です。本文の一部として書いている人もいますが、そうしてしまうと文章の推敲過程でズレてしまった場合に修正が面倒になります。

ただし、このテキストボックスは初期設定ではパディング（上下左右の余白）が設定されており、図と一緒に扱うときにきれいに揃わない原因になってしまいます。まずは以下の手順で余白をゼロにしておきましょう。

1. テキストボックスの外枠をクリックして選択し、右クリックして［オブジェクトの書式設定］を選択します。
2. ［図形の書式設定］タブで［文字のオプション］→［レイアウトとプロパティ］をクリックします。
3. ［テキストボックス］の上下左右の余白を 0 mm にします。

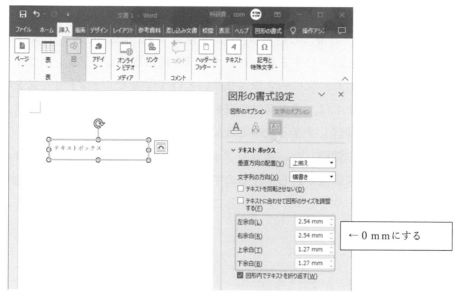

図 3.18

こうすることで、図 3.19 のようにきれいに揃えることができます。

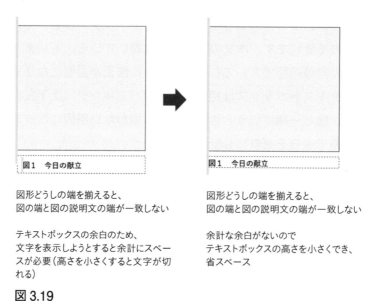

図形どうしの端を揃えると、
図の端と図の説明文の端が一致しない

テキストボックスの余白のため、
文字を表示しようとすると余計にスペースが必要（高さを小さくすると文字が切れる）

図形どうしの端を揃えると、
図の端と図の説明文の端が一致しない

余計な余白がないので
テキストボックスの高さを小さくでき、
省スペース

図 3.19

文字列の折り返しの設定と本文と図の間隔

折り返し設定

図を挿入したら、文字列の折り返しの設定をします。

1. テキストボックスの外枠をクリックして選択し、［図形の書式］→［文字列の折り返し］または図形の近くにある［レイアウトオプション］→［文字列の折り

返し］と進みます。

2. 申請書において用いる折り返しは以下の2つです。

四角形：基本的にはこれだけで十分で、すべての図に使えます。

上下：横幅いっぱいの図の場合はこちらを選択しておくと、文字が回り込まず便利です。

図 3.20

罫線を見えなくした表に図を埋め込んだり、改行等で無理やりあけたスペースに図をオーバーレイ（前面）したりする人もいますが、文章や図の修正が大変になるので推奨しません。

本文と図の間隔

あまり意識されませんが、本文と図の間隔は少し広めに設定されているので、1行、1文字を削りにいきたい時は検討に値します。

1. テキストボックスの外枠をクリックして選択し、右クリックして［その他のレイアウトオプション］を選択します。［図形の書式］→［文字列の折り返し］→［その他のレイアウトオプション］でもできます。

2. ［文字列との間隔］の初期値は 3.2 mm に設定されていますが、2 mm 〜くらいでも大丈夫です。

ただし、文章と図の間の間隔は一定に揃えた方が美しいので、変更するのであればすべての図について同様の設定にします。

図 3.21

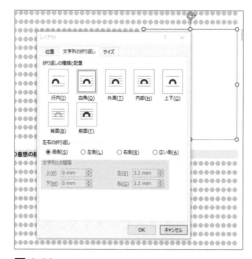

図 3.22

文字間の設定

　申請書のスペースは不足しがちです。数文字だけで 1 行を使ってしまっている場合は、行数を減らす絶好のチャンスです。

1. 文字間隔を小さくしたい文字を選択し、⌘＋Ｄ あるいは Ctrl ＋Ｄ で［フォント］［詳細設定］を開きます。［フォント］タブの右下の↘からも開けます。

2. ［文字幅と間隔］［文字間隔］から文字間隔を［広く］あるいは［狭く］を選択し、どの程度広く / 狭くするかを設定します。0.1 pt や 0.2 pt だと見た目にはほとんど変化がありません。

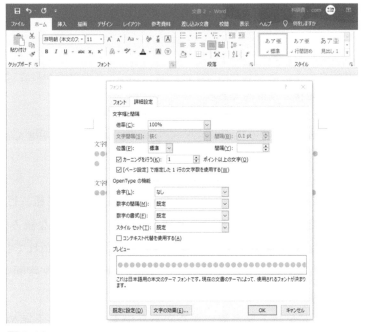

図 3.23

文字間隔［標準］
今回はこれまでの動物の常識が変わるかもしれない、世界初の発見について取り上げます。

文字間隔［狭く］- 間隔［0.1 pt］
今回はこれまでの動物の常識が変わるかもしれない、世界初の発見について取り上げます。

　文字間隔を調節すると 1 〜 2 行であれば自在に捻出でき、行間を調節するよりも見た目に与える影響は小さいので重宝します。ただし、文字間隔がどう設定されているかは調べないとパッとはわからないので、十分に推敲が終わった文章に対して、最後の微調整に用いてください。

　さらに、文字間隔を狭くすることで、全角丸括弧の前後が空きすぎる問題を修正することも可能です。

　　　　　　　　　　　　　　↓　括弧閉じ「）」を選択して間隔を 2 pt ほど狭く
丸括弧を書くと（前後が空きすぎる）という問題がある。
　　　　　　　↑　括弧の 1 つ前の文字「と」を選択して間隔を 2 pt ほど狭く

丸括弧を書くと（前後が空きすぎる）という問題がある。

行末・行頭を工夫する

↓　網掛け部分を選択して文字間を 0.1 pt ほど狭く

餅の食べ方には様々ある。あんこも捨てがたいが、私は特にきなこが好きである。大好きなこの町で、食べる持ちは最高である

餅の食べ方には様々ある。あんこも捨てがたいが、私は特にきなこが好きである。大好きなこの町で、食べる持ちは最高である

　先に紹介した「この先生きのこる（この先、生き残る）」と同様、行末や行頭を調節しないままだと誤読を誘うことがあります。また、特殊な読みをする熟語（例：飛鳥、明後日、意気地など）が行末にかかって 2 つに分かれてしまう場合、初読ではうまく読めないこともあります。そうした場合には、文字間を調整して、同じ行に収まるような工夫が必要になります。

　これにより見た目にはほとんど違いがわからないまま、1 文字を詰めたり、次の行に送ったりすることが可能になります。あまり極端に文字間隔を調整すると不自然になるので、0.1 pt 〜 0.3 pt くらいにとどめておくとよいでしょう。

　また、1 文字だけを次の行に送りたい場合は半角スペースを挿入するという方法もお手軽です。ただしこの方法では後で推敲した際に文字がずれると余計な空白が残ったままになりがちなので、気をつけてください。

ここにスペースをいくつか挿入する　↓

低気圧は、気象予報の中でしばしば言及される重要な概念であり、天気予報に影響を与える要因のひとつです。低気圧が接近すると、風が強まるため、外出時には十分な対策を足ることが重要です。

低気圧は、気象予報の中でしばしば言及される重要な概念であり、天気予報に影響を与える要因のひとつです。低気圧が接近すると、風が強まるため、外出時には十分な対策を足ることが重要です。

少し文字を削ると挿入したスペースが見えてしまう　↓

低気圧は、気象予報の中で言及される重要な概念であり、天気予報に影響を　　与える要因のひとつです。低気圧が接近すると、風が強まるため、外出時には十分な対策を足ることが重要です。

また、左インデントを調節することで行頭文字を揃えることも可能です。

括弧などがあると行頭が揃わずガタつくので、該当行の左インデントを-0.5字にする

研究計画
【○○○の解析】
本研究では、○○○を…

研究計画
【○○○の解析】
本研究では、○○○を…

　また、大見出しあるいは小見出しに続く本文に対して左インデント（本文左側を空けて、レベルを1つ下げる）を設定する方を時々見かけますが、大してわかりやすくならないばかりか、スペースを無駄に消費してしまうのでおすすめできません。
　箇条書き時に行数が増えないのであれば、1字程度の左インデントを設定してもよいでしょうが、全角スペースでもまったく問題がないので、申請書作成においてインデントの使い道はそれほどありません。

　そこで、本研究では、○○○により○○○を明らかにすることを目的とする。具体的には以下の3点について解析を行う。
・○○○○○
・△△△△△
・□□□□□

行間の設定

　Wordの初期設定ではグリッド線とよばれる普段は表示されていない線に沿って文字を配置するようになっています。そのため、フォントの上下に余裕のある游明朝やメイリオなどの場合、思ったよりも行間が広がってしまうことがあります。
　また、その他のフォントであっても詰まり気味の行間は非常に読みづらくなるので、ある程度余裕のある行間であることが望ましいです。

1. 空行を含め、申請書の注意書き部分以外をすべて選択する。
2. ［段落］タブ →［行と段落の間隔］→［行間のオプション］あるいは右クリックして［段落］を選択し、［段落］ウィンドウを開く
3. ［1ページの行数を指定時に文字を行グリッド線に合わせる］のチェックを外す
4. ［インデントと行間隔］タブ→［間隔］から、以下の設定にする

　　行間：固定値　　　　　間隔：間隔18 pt

本書では、フォントサイズ 11 pt に対して、行間［固定値］18 pt を推奨しています。少し余裕のある間隔ですので、17 pt でも構いませんが、16 pt 以下だとかなり詰まった印象になるので、行間を意図的に詰めたい時などに限定した方がよいでしょう。文字数が収まらず、行間を詰めたくなっても、まずは内容の見直しで対処できないかを十分に考えるべきであり、安易に行間を変更することはおすすめしません。

　なお、表の行間は、本文とは別に設定する必要があるので注意してください。

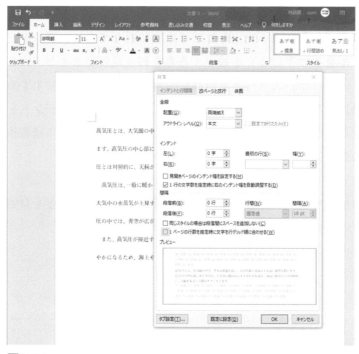

図 3.24

　申請書のスペースは常に不足しがちなので、なるべく隙間なくビッシリと書きたくなる気持ちはわかります。しかし、そうしてしまうとかえって見づらくなるので、適度な余白は大切です。とくに、大見出しの直前にはしっかりと空行を設定し、独立した内容であることを視覚的にもはっきりさせます。

　1 行の空行は改行を入れるだけなので便利ですし、切れ目がはっきりしてよいのですが、どうしても収まらない場合は 0.7 行、0.5 行、0.3 行の空行でも構いません。空行をまったく入れないよりははるかによいです。

1.　対象となる見出しを選択
2.　［段落］タブ → ［行と段落の間隔］→ ［行間のオプション］
3.　［間隔］→ 段落前 : 0.5 行などを設定（行のほかに pt でも設定可能です）

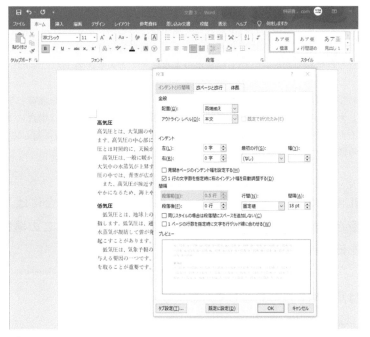

図 3.25

3.9 節 揃えるテクニック

#科研費のコツ 100 揃えられるところはすべて揃える

　美しさの基本は揃っていることです。揃えられるところはすべて揃えるくらいの気持ちで！

本文は両端揃え

　文字間が微妙に異なっていたり、半角英数字が含まれていたりすると、ある程度のまとまった文章を書くと右端が揃っていないことが気になります。和文は文字間隔が比較的一定であり、両端揃えにしても欧文ほど文字間隔が開きすぎて変になることはありませんので、ぜひ両端揃えを選択してください。

　他の申請書等からコピー＆ペーストしたりすると、一部の段落だけ両端揃えになっていないということがよくあります。

芸術家にして科学を理解し愛好する人も無いではない。また科学者で芸術を鑑賞し享楽する者もずいぶんある。しかし芸術家の中には科学に対して無頓着であるか、あるいは場合によっては一種の反感をいだいくものさえあるように見える。また多くの科学者の中には芸術に対して冷淡であるか、あるいはむしろ嫌忌の念をいだいているかのように見える人もある。

芸術家にして科学を理解し愛好する人も無いではない。また科学者で芸術を鑑賞し享楽する者もずいぶんある。しかし芸術家の中には科学に対して無頓着であるか、あるいは場合によっては一種の反感をいだいくものさえあるように見える。また多くの科学者の中には芸術に対して冷淡であるか、あるいはむしろ嫌忌の念をいだいているかのように見える人もある。

　また、URL を含め、長めの英単語が含まれている文章の場合には、両端揃えだと文字間が空きすぎて不格好になってしまうことがあります。この場合は文字間を揃えることを優先し、次のように対応します。

- まずは語順や表現の見直しで対応する
- URL は途中で改行する
- 引用文献などは左揃えにする

> 本研究で用いた頻度データは 2019 年 1 月時点の Google
> （https://www.google.co.jp/）に……
>
> D. Merico et al., Compound heterozygous mutations in the
> noncoding *RNU4ATAC* cause Roifman syndrome by disrupting minor intron
> splicing. *Nat. Commun.* **6**, 8718 (2015).

> 本研究で用いた頻度データは2019年1月時点のGoogle（https://www.google.co.jp/）に……
>
> D. Merico et al., Compound heterozygous mutations in the
> noncoding *RNU4ATAC* cause Roifman syndrome by disrupting minor intron
> splicing. *Nat. Commun.* **6**, 8718 (2015).

図を揃える

図の幅

　複数ある図の幅を揃えると統一感がうまれ、美しくなります。**図の幅は 60 ～ 70 mm か横幅いっぱいの**2 種類しか使わないと決めてしまえば、迷うこともなくなります（p.164 参照）。

図の位置（マクロな視点）

　図の挿入場所もどこでもよいわけではありません。

幅が狭い図は、本文の右側で固定しましょう。横幅いっぱいの図は、段落の最初や最後、ページの最初や最後などが効果的です。

図の位置（ミクロな視点）

　もっとこだわりたい人は図の位置の微調整を行いましょう。

　揃えるべき個所は図の外枠ではなく図やイラストそのものです。図 3.26 左では以下の点が揃っていません。

- ■　図やイラストの右端が両端揃えした行末と揃っていない
- ■　図やイラストの下端が段落の上端や下端と揃っていない
- ■　図やイラストの上端が文字の上端と揃っていない

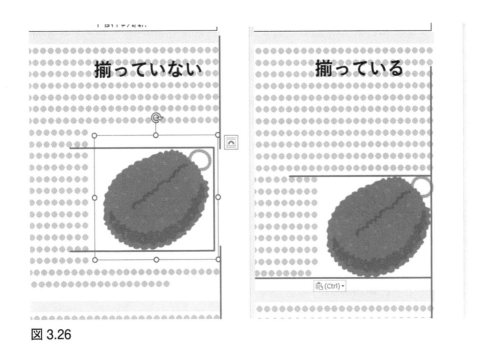

図 3.26

　右図のように揃えられれば、かなり美しい配置になります。これを実現するためにも、図やイラストはトリミングしておき、図やイラストの外枠＝図やイラストの端となるようにしておきましょう。

その他の揃えた方がよいところ

- ■　行間：固定値 16-18 pt で 18 pt を推奨。文献リストだけはもっと詰めてもよい
- ■　フォント：申請書全体を通して同じルールで統一。文章パーツのコピー＆ペースト時に異なるフォントが紛れ込みがちなので注意
- ■　強調の種類・基準：強調を意味する修飾は 1 種類で統一する。多くの場合、最初の 1 〜 2 ページは強調が多く、後半につれて強調が減っていく傾向に

あるので、強調する個所は限定し、強調の基準も一定になるように意識する。

■ 図のテイスト：論文や著書からのコピー＆ペーストを極力避けて、申請書のための図やイラストを作り直すことで、テイストを揃える。

3.10 節　削る・詰め込むテクニック

#科研費のコツ **101** あと少しの申請書を詰め込むテクニック

まれに、申請書に空白が目立ちスカスカな方を見かけます。「人権の保護」などは無理に埋める必要はありませんが、研究計画や遂行能力の欄で空白があると、印象はよくありません。研究計画やこれまでの研究がせいぜい数ページで収まるわけはないので、書けないという人は何かを見落としています。少しでも採択率を上げたいならば、ぴったり書いてください。

問題は多すぎる場合です。いきなりフォントサイズを小さくしたり、行間を詰めたりして収めようとする方が多いですが、それではわかりにくくなってしまいます。安易に詰め込むのではなく、まずは内容を精査し、わかりやすさへの影響が小さいところから試すべきです。

削る・詰め込む手順
内容の見直し

詰め込む方法は数多くありますが、まずは本当に必要な情報なのかを再検討することが最優先です。申請書の内容を段落単位でチェックし、「ここに書かれている情報は、審査員がこの申請書を評価するうえで必須か？」という点に気をつけながらチェックしてください。候補が見つかったら、その部分を削ってみて、審査員が理解できるかを改めて考えてみます。**審査員に 100％理解してもらうことを求めなければ、渡す情報は大幅に減らせます。**

1. 必要最低限の情報セットになったら、次は文章単位で表現を見直します。**同じ表現が異なる場所に繰り返し書かれていないか、2 つの文章で言い方が違うだけで、ほぼ同じ内容の文章が続いていないか、文章の統廃合は可能か**を検討します。
   また、文末は断定を避けたいという意識が強いとくどくなりがちなので、もっとすっきりと表現できないかを意識して見直します。
2. 図が大きすぎる場合は、**もっとすっきりとした図にして小さくできないか**を考えます。ほとんどの場合、審査員はそこまで詳細な図は求めていません。図の

細かいところまで読み込んでいる時間はありませんので、詳細すぎる図はスペースの無駄使いになりがちです。

詰め込むテクニック（1 から順に試す）

1. 図の内容を変えずに、図の高さを小さくできないか、図の位置を微調整するだけで 1 行を詰められないか検討する（行末と図の右端を揃えるのは死守）。
2. 数文字だけで 1 行を使っている行があれば、文章表現・単語の変更、語順の変更、読点の削除などで 1 行分を削れないか考えてみる。
3. 2 でも無理なら、削りたい文章をハイライトして文字間隔を 0.1 pt ずつ詰めていき、1 行を削れないか考える。0.2 pt 〜 0.3 pt 程度までなら見た目にはほとんど影響しない。
4. 2、3 でも無理なら、削りたい文章を含む段落全体をハイライトして文字間隔を 0.1 pt ずつ詰めていき 1 行を削りにかかる
   →この場合、わずかとはいえ余計な部分も文字間が詰まってしまうので、1 行を削るのに最低限必要な部分を割り出し、関係しない部分は［標準］に戻しておく。
5. 本書での行間のデフォルトである固定値 18 pt → 17.5 pt → 17 pt と試す。あるページで行間を変えたら、他のページの行間も揃えるように変更しておく。
6. 大見出し前に設けている空行の間隔を 1 行 → 0.7 行 → 0.5 行と小さくする。ここも 1 箇所変えたら他のページの空行についても同じサイズにしておく。

--- 　ここ以降は最終手段なので、なるべくなら使わずに済ませたい　---

7. 行間をさらに小さくし、固定値 17 pt → 16.5 pt → 16 pt と試す。
8. 図がわかりにくくなることを覚悟で小さくしたり、情報を削ったりしてサイズを小さくする。
9. 段落全体をもう 0.1 pt 詰めることで、1 行削れる場所がないか探す。
10. 見出しと同じ行から本文を書く。
11. 行間を 15 pt まで 0.1 pt 刻みで小さくしていく。
12. フォントサイズを 10.5 pt にする。

業績リストを詰め込む

　業績リストで示す論文などの業績は、数が多いと有利に働くことは間違いありません。ただし、業績リストだけからは、そうした業績が研究遂行能力とどう結びつくのかはわかりません。業績が十分に多いことがわかればそれでよいので、業績を説明する文章を書くためのスペースを確保するようにしましょう。

具体的には、以下の方法で業績リストを圧縮できます。

見せる業績を削る

業績が多い場合は直近のもの、主要なものを中心に書き、残りは「他〇件」と書いておきます。完全に省略するともったいないので、他にも業績があることはアピールするようにしておきましょう。

また、業績数を減らさなくとも、

- ■　〇〇〇 , △△△ , 申請者 , …他〇名
- ■　〇〇〇 , … , 申請者 , （〇名中△番目）

のように、かさ高い著者名を省略することでも省スペース化は可能です。他には、タイトルを省略するなども有効ですが、タイトルを削ると何についての業績なのかわからなくなってしまいかねないので、優先順位は低めです。

行間・文字間を詰める、フォントサイズを小さくする

詰め込むテクニックでも説明したように、行間や文字間、フォントサイズは軽々しく変更せず、申請書全体を通して一定に統一すべきです。しかし、業績リストだけは例外としても扱ってもよく、かさ高いだけでなく、しっかりと読み込むものでもないので、多少詰め込んでも申請書全体の理解度にはそれほど影響しません。

フォントサイズ：10 pt、行間：固定値 14 pt くらいでもよいかもしれません。行間を詰めすぎると文献ごとの切れ目がわかりづらくなりますので、文献の間を 0.2 行くらい空けるなどの工夫はあってもよいでしょう。もちろんその分スペースは増えますが、それでも差し引きでは数行程度は詰められるでしょう。文字間を多少詰めることで 1 行を削れるのであれば、それも有効な手段です。

見出しと同じ行から書き始める

大見出しは「本研究の目的」や「研究計画」のように短いものも多いので、大見出しの横にはスペースがあります。本当に何をやってもスペースが足りないなら、この部分のスペースを活用することも考えましょう。

大見出しに続けて本文を書くので、見出し部分と本文部分がそれぞれ区別できるように書かないといけません。

- ■　**本研究の目的**　本研究では〇〇〇により〇〇〇を…
- ■　**【本研究の目的】**　本研究では〇〇〇により〇〇〇を…
- ■　**本研究の目的**　本研究では〇〇〇により〇〇〇を…

■ **本研究の目的：**　本研究では○○○により○○○を…

■ **本研究の目的 |**　本研究では○○○により○○○を…

このように、見出しを太字ゴシック、本文を明朝体にして両者を区別するだけでなく、最低でも全角スペース１つ分を空けます。見出しと本文の違いをより明確にしたいのであれば、隅括弧や網掛け、コロン（：）、｜などで区切っておくのもよいアイデアでしょう。

第 4 章

申請書を書いた後に

申請書を書いたあとには、過不足がないか統一感があるかといった形式的な
チェックと、内容は十分か、書きすぎていたり足りなかったりするところはないか
といった推敲は欠かせません。

4.1 節　チェックリスト

#科研費のコツ **102** 表記ルールの統一　　　　#科研費のコツ **105** まずい申請書の4パターン

#科研費のコツ **103** 細部にまで気を配る　　　　#科研費のコツ **106** 推敲しすぎない

#科研費のコツ **104** 申請額の謙虚さは評価されない

このチェックリストは、実際の添削時でもよく指摘する内容です。特に主義主張
がない限りは、こうしたルールに沿っておくと無難です。体裁を整える時間を最小
限にし、他に時間を使うと効率が上がります。体裁で個性を発揮してもしかたがあ
りません。

申請書の体裁

☑ 申請書の本文は明朝体、見出しは太字ゴシック体＋網掛け、本文強調は太字ゴシッ
　ク体（太字明朝体）、図の番号とタイトルは太字ゴシック体、説明文はゴシック体
☑ フォントサイズは本文 11 pt、図の説明文と引用文献 10 〜 10.5 pt
☑ フォントサイズが 11 pt の時に、行間は固定値 18 pt を基本とし、16 〜 18 pt の範囲
☑ 日本語の文章は両端揃え、英語の引用文献は左端揃え
☑ 段落の最初は全角 1 字下げ
☑ 大見出しの前には 0.5 〜 1 行の空行を入れ、余裕がなくても 0.2 〜 0.3 行の空行を
☑ 1 ページあたりの強調箇所は数個程度まで。強調を意味する文字修飾は太字のみ
☑ 余白が大きすぎないか
☑ 研究遂行能力などで書いている文献のスタイルは揃っているか

図表

- ☑ 図は画像として扱い、余白は設定せずにトリミング。余白は［文字列との間隔］で調節
- ☑ 図の幅は 60 〜 70 mm もしくは横幅いっぱいで固定し、さまざまなサイズを用いない
- ☑ 図は文章の右端（行末）、段落の下端、行の上端に合わせるように配置する
- ☑ 図のテイストが極力揃うように、必要に応じて図表やまとめ図は作り直す
- ☑ 図中の文字は印刷時に読めることが前提で、読めないようであれば作図から
- ☑ 図は 1 ページに 1 つ弱の割合になるように挿入する
- ☑ グレースケール印刷に耐えられるカラーの図を用意する
- ☑ 図の解像度が低くないか、もっと画質を上げられないかチェックする
- ☑ 情報量が多すぎる図表は注意。審査員は頭を悩ませてまで図表を読み解きたくない
- ☑ 情報量が少なすぎる概念図は注意。貴重なスペースを使って説明するに足る内容か

内容（全般）

- ☑ 略号表記や専門用語（カタカナ語）が多すぎはしないか、もっと減らせないか
- ☑ 見出しは本文と区別がつくか

項目

- ☑ 概要　科研費の概要は 10 行程度（最大でも 12 〜 13 行くらいまで）
- ☑ 背景と問い　研究目的や独自性など、他で説明すべきことを含みすぎてはいないか
- ☑ 背景と問い　「何が明らかにされていて、何が明らかにされていないのか」が明確で問題の所在ははっきりしているのか
- ☑ 研究計画　単なる研究の手順になっていないか
- ☑ 研究計画　すべてがうまくいく前提で計画されていないか
- ☑ 研究計画　重要な部分については、うまくいかない場合の対応は書かれているか
- ☑ 独自性　「これまでされていないから、独自だ」という理屈になっていないか
- ☑ 独自性　独自でない「普通の」研究との対比はできているか
- ☑ 創造性　当該研究分野、周辺関連分野、社会に対する影響が書かれているか
- ☑ 着想の経緯　アイデアの独自性と同一の内容になりがちだが、まったく同じ表現の繰り返しになっていないか
- ☑ 位置づけ　本研究は研究分野あるいは社会から見た時にどのような意義を持つのか
- ☑ 研究遂行能力　その業績が申請者の能力をどう証明するものかが説明されているか

　文章のブラッシュアップには大きく 3 つのレベルがあります。基本的には内容を固めてから体裁を整え、最後に微調整をして完成ですが、これらは必ずしも一方通行とはならず、必要に応じて各レベルを行ったり来たりして推敲を繰り返すことになります。

　自分でするにせよ、他人と一緒に進めるにせよ、**1 回の推敲（添削）で全部を修正することは不可能**です。修正して、全体のバランスを見て、また修正しての繰り返しです。そのため、修正作業にはかなりの時間を必要とします（だから、冒頭のQuick & Dirty が重要なのです）。とくに、初稿に対する修正作業は構成を大胆に変える必要がある場合が多いため、瞬間的にですが、完成度は下がります。締め切り直前に修正作業に入って時間切れで中途半端なものにならないように、早め早めに原稿を完成させることが大切です。

　イメージとしては、推敲直後はいったん散らかった状態となり、そこから少しずつ修正されていき、5 回か 6 回で提出できるレベルになる、という感じです。申請書に正解がないので、こだわる人であればもう少し時間をかけて 7 回か 8 回くらいを目指す人もいるでしょう。ただし、ある程度以上になると、迷走しだしたり、費用対効果が釣り合わなかったりしてくるので、10 回以上の推敲はよほどのことがない限り不要です。エイヤと出してしまって、他のことをする方がよいでしょう。

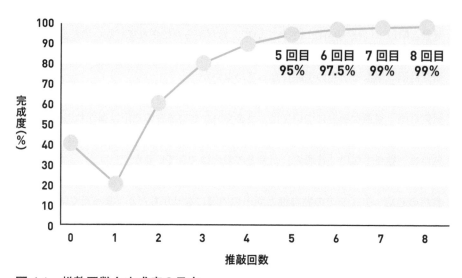

図 4.1　推敲回数と完成度の目安

レベル1. 内容（文章の論理構成・展開）

　細かい点は目につきやすく、また、修正も楽なので先に手をつけてしまいがちですが、文章の内容や構成が変わってしまえばすべての努力は水泡に帰してしまいます。まずは、細かなところはいったん置いておいて、論理構成に穴はないか、審査員にもっともアピールできるような展開になっているのか、いいたいことをいえているのか、余計なことをいっていないか、などの内容面から検討しましょう。

　いずれの方法でも推敲にはそれなりに時間がかかります。推敲の過程こそが本番なので、初稿はなるべく早めに完成させるようにしましょう。

方法1｜客観的な第三者に読んでもらう

　他の人に読んでもらうのはシンプルかつ効果的な方法です。とくに経験の浅い人にとっては、経験豊富な先達からのフィードバックから得られる気づきは成長を早めてくれるでしょう。依頼する場合には、誤字脱字など細かい点ではなく、内容が理解できたかどうか、論理構成に無理がないか、提案する方法の実現可能性、問題設定の妥当性を中心に教えて欲しいと伝えておきましょう。

　完成間際で読んでもらってもよいのですが、細かい調整をした後で文章を書き直したりすると色々ずれたりもしますので、意見は早めにもらっておく方が効率よく推敲できます（p.5 参照）。

方法2｜寝かせてから読む

　書いた直後は、本人の頭の中ではすべてのロジックがつながっているため、その状態でいくらチェックしても、読み手が理解できるかどうかの判断はできません。文章を書き上げたら、2〜3日程度は申請書から離れて凝り固まった思考をリセットしましょう。そして、再び申請書を読む際には、自分の申請書ではなくライバルの申請書のつもりで極力否定的に読み、どのような視点が不十分かについて自分で自分の書類に突っ込みを入れるようにします。この方法は、ある程度の経験がないとうまくいきません。

レベル2. だいたいの体裁（フォントサイズ、行間、図表、など体裁全体）

　内容が決まったら、規定の書式に収めていきます。フォントサイズや行間を微調整してページ数ぴったりにし、併せて、表現や内容も調整します。

目を細めて見る

　紙面が黒すぎたり、白すぎたりしませんか？　漢字・かな比がおかしい可能性や余白が多すぎる・少なすぎる可能性があります。審査員が頑張って読もうと集中し

ていなくても、流し読みで理解できるような図や内容が理想です。

意識して誤字・脱字を見つける

　流し読みでは誤字脱字は見つけにくくなります。

ほん けゅきんう の けっか だがいく の けゅきうんひ は まといし へっいてる ことが わかりしました。

　音読する、文節ごとに逆から読む、指で差しながら読む、ペンで印をつけながら読む、など意識レベルを上げる工夫により、読み飛ばしはかなり減らせます。また、文献リストはとくにスタイルの不統一が起こりがちなので、軽んじずにしっかりチェックしてください。

印刷する

　簡単かつ、もっとも効果的なチェック方法です。印刷してペンを片手に読むと、パソコンとは異なる印象を持つでしょう。誤字脱字を見つけやすく全体のバランスもひと目でわかります。

レベル3. 微調整（行末調整、こまかな表現の修正）

　最後に本当に細かいところを微調整します。時間対効果はそれほどよくないかもしれませんが、最後の最後まで諦めたくない人や1%でも可能性を上げたい人はぜひ。

黙読する

　自分の視線の流れを意識しながら、申請書を黙読してみましょう。どこかで引っかかって、文章を読み直すようなことがあれば、そこは潜在的にわかりにくいところです。内容が難しすぎるのかもしれませんし、漢字やひらがなが連続して区切りがわかりにくいのかもしれません。いずれにせよ、どこにも引っかかる場所がなくなるまで修正を繰り返すべきです。

　人間は極力あたまを使いたくない生き物です。読み手に考えさせることなく意見を受け入れてもらうのが極意です。そのためには、読みやすいことが何よりです。

調整で読みやすく

　行末調整したり細かな表現を修正したり、段落間や見出し間の微調整を行います。

図表を作り直す

　図表のクオリティを上げることは美しい申請書にするための比較的簡単な方法です。適当に四角や矢印を組み合わせるのではなく、デザインを意識して作ってください。

索引

著者紹介

科研費.com

博士（理学）。専門は生物科学。

2016年より同名サイト、科研費.com を運営。

政治学から臨床研究まで幅広い分野の申請書の添削経験を持つ。

口癖は「わかった（わかってない）」。

趣味はクラフトビールと編みぐるみ。

NDC 407　　221 p　　26 cm

ここはこう書け！
いちばんわかりやすい科研費申請書の教科書

2023 年 9 月 5 日　第 1 刷発行
2024 年 10 月 18 日　第 3 刷発行

著　　者　科研費.com

発 行 者　森田浩章

発 行 所　株式会社　講談社
　　　　　〒112-8001　東京都文京区音羽 2-12-21
　　　　　　　販　売　(03)5395-4415
　　　　　　　業　務　(03)5395-3615

KODANSHA

編　　集　株式会社　講談社サイエンティフィク
　　　　　代表　堀越俊一
　　　　　〒162-0825　東京都新宿区神楽坂 2-14　ノービィビル
　　　　　　　編　集　(03)3235-3701

本文データ制作　株式会社双文社印刷
印刷・製本　株式会社ＫＰＳプロダクツ

ISBN978-4-06-533083-8